新型农民农业技术培训教材

新技术
新热点

# 人工草地建植员

● 邹积田　主编

中国农业科学技术出版社

图书在版编目（CIP）数据

人工草地建植员／邹积田主编．—北京：中国农业
科学技术出版社，2011.9

ISBN 978 - 7 - 5116 - 0583 - 2

Ⅰ.①人…　Ⅱ.①邹…　Ⅲ.①草坪－观赏园艺
Ⅳ.①S688.4

中国版本图书馆 CIP 数据核字（2011）第 139843 号

| | |
|---|---|
| **责任编辑** | 贺可香 |
| **责任校对** | 贾晓红　范　潇 |

| | |
|---|---|
| **出 版 者** | 中国农业科学技术出版社 |
| | 北京市中关村南大街 12 号　邮编：100081 |
| **电　　话** | （010）82106638（编辑室）　（010）82109704（发行部） |
| | （010）82109709（读者服务部） |
| **传　　真** | （010）82106624 |
| **网　　址** | http://www.castp.cn |
| **经 销 者** | 各地新华书店 |
| **印 刷 者** | 中煤涿州制图印刷厂 |
| **开　　本** | 850mm ×1 168mm　1/32 |
| **印　　张** | 4.625 |
| **字　　数** | 124 千字 |
| **版　　次** | 2011 年 9 月第 1 版　2011 年 9 月第 1 次印刷 |
| **定　　价** | 15.00 元 |

# 前　言

　　随着我国对绿化环境的日趋重视，越来越多的人工草地装点着人们的生活空间。改善环境、舒畅心情，人工草坪功不可没。

　　本着"服务农村，方便农民"的宗旨，我们编写了这本《人工草地建植员》，对人工草地草坪的建植与养护作了详细的介绍。本书共分为五章：草坪和草坪草概述、草坪草的生物学特性和主要品种、草坪的建植、草坪的养护、常见草坪的建植与养护。

　　本书图文结合，生动形象，内容浅显易懂，价格低廉，真正是一套农民读得懂、买得起、用得上的"三农"力作。本书可供广大农民朋友及草坪建植公司、园林、运动场设计者参考使用。

　　由于编写时间仓促，书中难免有错误和疏漏，敬请广大读者提出批评意见。

编　者

# 目　录

目 录

# 第一章  草坪和草坪草概述

## 第一节  草坪的概念和分类

### 一、现代草坪的概念

现代草坪是人们为了保护、改善和美化环境，主要用禾草建成的草地（草被、草群），并逐渐成为现代社会文明的组成部分。

概念中提到的环境范围很广，既包括人们居住、学习、工作、运动、娱乐、交通等的环境，也包括由于人类生产、经济建设的负面影响及战争破坏等导致环境质量下降的地方。保护、改善和美化环境的方法很多，而生物措施（植树、养花、种草等）是提高环境质量的主要途径，其中，种草、建草坪则是花费较小而见效最快的措施。

为什么说现代草坪是现代社会文明的组成部分呢？因为草坪具有多用性和良好的生态功能，使其能为人类生存、生活及其他活动提供良好的环境，对人的精神和生理也有良好的影响，所以，它受到人们的欢迎，而逐渐成为现代社会文明的组成部分。

概念中为什么同时列出草地、草群和草被呢？草地在此是一个通常用语，即生长草群的土地，一般人容易理解。草群和草被是植物生态学的用语，草群是草本植物群落的简称，草被意指草本植被。鉴于国内有人用草群和草被来解释草坪，在此同时列出，可以把它们看成是同义语，是从不同学科和从不同角度来对草坪的注解。美国也有学者把草坪称为"覆盖地面有生命的绿色地毯",则是从利用的角度对草坪的另一种理解。

现代草坪概念中提到的禾草是植物分类学中所讲的禾本科草的简单称呼。禾草是传统草坪中的主要植物,现在世界各国仍然主要用禾草建草坪,而且是现代草坪的主要特征。

**二、草坪的分类**

草坪在园林绿化及其他方面的用途极其广泛,应用方法灵活多变,表现形式也是多种多样。现实中,人们根据利用、研究等需要,从不同角度对草坪进行分类。常见的分类方法如下。

**(一)按利用目的分类**

1. 游憩草坪

游憩草坪指供人们散步、休息、游戏及户外活动用的草坪。多使用在公园、风景区、居住小区、庭院及休闲广场上。这类草坪在建植时应混入耐践踏草种,要有较强的恢复能力。游憩草坪与人们身体的接触最为密切,草坪在环保和生态上的功效直接作用于人体,尤其是对于城市居民而言,都有与草坪亲近的心理。所以,应该随着绿化面积的不断扩大、国民素质的不断提高和适宜草种的开发,逐渐加大游憩草坪的规划和建植面积。

2. 观赏草坪

观赏草坪指不允许人们进入活动或踩踏而专供观赏的草坪。这种草坪一般从整体布局的角度考虑,多用于公园、游园、居住小区、街路、广场、建筑周围、喷泉等水景周围。这类草坪草种的选用注重观赏效果,要求草坪草具有细密、植株低矮、色泽浓绿、绿期长等特点。

3. 运动场草坪

运动场草坪指专供体育运动的草坪。如足球场草坪、网球场草坪、高尔夫球场草坪、橄榄球场草坪、垒球场草坪等。这类草坪的建植应以耐践踏的草种为主,要有极强的恢复力,同时要考虑草坪的弹性、硬度、摩擦性及其他方面性能,根据不同运动项目的特点有所侧重。这类草坪一般都采取多个草种混播的方法建植。

4. 防护草坪

防护草坪指在坡地、水岸、堤坝、公路、铁路边坡等位置建植的草坪，主要起到固土护坡、防止水土流失的作用。这类草种的选择主要从其抗性角度考虑，因为这些位置都是立地条件较差又不易管理的位置，所以注重它们抗旱、抗水湿、抗瘠薄土壤、耐粗放管理等方面的能力，从而发挥其固土护坡的作用。

5. 其他用途草坪

如飞机场、停车场等位置的草坪。

**（二）按草种组成及与草本植物组合分类**

这种分类可以分成纯一草坪、混合草坪、缀花草坪、镶花草坪等。

1. 纯一草坪

纯一草坪指同一草种或同种不同品种，甚至单一品种的草坪。这种草坪的优点在于高度的均一性，无论从高度、色泽、质地等方面都均匀一致。尤其在特定条件下，如高尔夫球场的发球区等位置。另外，一些公园、广场、庭院、居住小区中的观赏性草坪也常使用，具有较好的观赏效果。但是其缺点则是高度单一性带来的生物多样性差，因此稳定性差。

2. 混合草坪

混合草坪指两个或两个以上草种（有时也含同种不同品种）混合形成的草坪。混合草坪由于草种组成复杂，生物多样性较好，草种之间可以取长补短，从建植到成坪后的效果充分发挥各草坪草种或品种的优势和特点，达到成坪快、绿期长、寿命长等特点，并能够满足人们对草坪各种功能上的要求，并且具有很好的稳定性。但是由于草种不单一，必然造成草坪的均一性及观赏性下降。因此，株型、色泽、叶片质地差异过大的草坪草不宜混播。

3. 缀花草坪与镶花草坪

草坪中点缀一些植株矮小的野花，称为缀花草坪；若镶入各种花卉，称镶花草坪。由于点缀、镶嵌了花卉，不仅增加了观赏、游憩的价值，而且提高了生态效益。

**（三）按绿期分类**

这种分类可以分成常绿草坪、夏绿草坪和冬绿草坪。

1. 常绿草坪

常绿草坪指在当地表现为一年四季常绿的草坪。严格意义上仅指选用当地常绿草种形成的常绿草坪，广义上还包含应用夏绿型草种与冬绿型草种套种而获得的套种常绿草坪，以及应用保护栽培技术形成的保护地常绿草坪。后两种常绿草坪的造价和养护管理费用均有不同程度的增加。

2. 夏绿草坪

夏绿草坪系由在当地表现为夏绿型的草种建植的草坪，春、夏、秋三季保持绿色，冬季则黄枯休眠。这类草坪的生长旺季常自仲春至仲秋，尤以夏季为甚。

3. 冬绿草坪

冬绿草坪系由在当地表现为冬绿型的草种建植的草坪，秋、冬、春三季保持绿色，夏季则黄枯休眠。这类草坪往往有春、秋两个生长旺季。

**（四）按寿命分类**

1. 短期草坪

短期草坪又称临时草坪、过渡草坪、先锋草坪。由一二年生或短期多年生（寿命一般3～6年）草坪草种形成的草坪。具有建坪容易、成坪快的特点，缺点是生存期短，应用期更短。一二年生草种的使用期常为1～2个生长季，短期多年生草则为2～5年，人为短期利用的草坪也列为短期草坪。

2. 长期草坪

长期草坪系由寿命10年左右的长期多年生草坪草种建植的

草坪。草坪寿命 10 年左右，只要管理得当仍可延续。长期草坪的优点是寿命长，使用期长。缺点是长成成熟草坪慢（尤其种子播种）。种子播种快则一年，慢则两年方能形成可以使用的成熟草坪。成坪期长带来了繁重的管理任务。因此，应用营养繁殖法，以加建形成草坪，已成常识。

**（五）按形成过程分类**

分为自然草坪与人工草坪。

1. 自然草坪

天然草地（草原、草甸等）是在气候—生物—土壤综合影响下，或经长期重牧而形成的草坪。长久以来，采挖"草坯（草皮）"用于移植，建立草坪。从保护自然资源、保持水土、保护生态平衡的角度看，这种利用是掠夺性的，应该依法严禁。同时，国家和省、市、自治区应根据自然区划或农业区划，选择具有代表性的地区建立自然草坪保护区，以便研究与指导开发利用。当然，这种保护区可与野生食草蹄兽，如麋鹿等保护区合并，兼收增加效益与节约投资的双重效果。

2. 人工草坪

人工草坪由人工建植与养护管理的草坪。自然草坪经采挖移植后，通常也被视为人工草坪。

**（六）按景观分类**

这主要有空旷草坪、稀树草坪、疏林草坪、林下草坪、森林草坪、庭院草坪和花坛草坪等。

1. 空旷草坪

地形开阔，没有木本植物的草坪，使人们领略到草原风光。

2. 稀树草坪

草坪上栽植有单株、双株或丛栽的乔木。置身其间，仿佛到了稀树草原。

3. 疏林草坪

疏林下的草坪，有阳光，有树荫，别具风情。需选较耐阴的草种建立草坪。

4. 林下草坪

基本郁蔽或完全郁蔽的落叶林、混交林下的草坪。需选耐阴或高度耐阴的草种建立草坪。荫蔽的常绿林下，草坪难于生存。

5. 森林草坪

森林草坪是指郊区森林公园及风景区在森林环境中任其自然生长的草地，这些草地一般不加修剪，而且允许游人在其间活动。一般应用耐践踏、复力强的草坪植物。

6. 庭院草坪

建植于庭院、花园、公园等场所的草坪称庭院草坪。通常由开放的游憩草坪和封闭的观赏草坪组成。

7. 花坛草坪

植于花坛内的观赏草坪称花坛草坪。可以作为花坛的主景称花坛草坪。也可以作为花坛的背景。

**（七）按规划形式分类**

可以分为自然式草坪和规则式草坪。

1. 自然式草坪

自然式草坪指地形自然起伏、草坪上及周围布置的植物是自然式的，周围的景物、道路、水体和草坪轮廓线均为自然式的，这种草坪就是自然草坪。多数游憩草坪、缀花草坪和疏林、林下草坪等都采用自然式草坪。

2. 规则式草坪

规则式草坪指地形平整，或几何图形的坡地和台地上的草坪，或与其相配合的道路、水体、树木等布置均为规则式时，称之为规则式草坪。一般足球场、网球场、飞机场、规则式的公园、游园、广场及街路上的草坪，多为规则式草坪。

**（八）按开放与否分类**

可以分为开放式草坪与封闭式草坪。

1. 开放式草坪

开放式草坪指允许人们进入草坪内活动的草坪。这类草坪要求耐践踏、恢复力强，如游憩草坪、运动草坪等。

2. 封闭式草坪

封闭式草坪指不允许人们入内活动的草坪，如常见的不耐践踏的观赏草坪。

**（九）其他草坪**

牧草坪是指以供放牧为主，结合园林游憩的草地。牧草坪多为混合草地，以营养丰富的牧草为主，一般多在森林公园或风景区等郊区园林中应用。一般选用生长健壮、速度快的优良牧草，能利用地形排水，具自然风格。

# 第二节　草坪的功能

## 一、草坪的生态功能

1. 净化水源，改善地下水补给与地表水质量

我国水资源短缺，同时水资源污染严重，节约用水、减少水污染是今后社会发展的长期战略任务。草坪可截留（阻滞）与净化地表水，改善地下水补给状况与地表水质量。其关键机制在于它具有拦截和保持地表径流水的功能，这样可促使更多的水下渗，以补给地下水源，并通过草坪生态系统对径流水进行过滤，以改善地表水质量。由于草坪减少了地表径流，便可降低城区防洪标准，同时也减少了防洪设施建设的费用。

2. 控制土壤侵蚀，固定灰尘

土壤侵蚀是生活环境中尘土的主要来源。乔木、灌木在控制水土流失方面的作用远比不上草坪，一方面乔木、灌木难以形成地面全面覆盖；另一方面落到其上的灰尘最终还要坠落或随风飘移。草坪以高度的地面覆盖和灰尘固定能力，保护着不可再生的土壤资源不受水和风的侵蚀。作为地面覆盖物，草坪是相对价廉

且耐久的，它可使景观地面处于长期稳定的状态，这与农业耕作、建筑施工、矿业生产等破坏土地、造成严重土壤侵蚀形成明显的反差。

3. 促进有机污染物的分解

草坪可作为有机污染物质的过滤器，拦截和过滤径流水中的有机污染物质。大量不同的微生物区系（微生物和微小动物）生存于草坪生态系统中，其中，微生物占土壤中分解体生物量的多数，细菌生物量构成范围为 30～300 克/平方米，真菌生物量为 50～500 克/平方米，放线菌生物量大致与真菌相当。土壤中无脊椎动物分解体生物量为 1～200 克/平方米，主要是蚯蚓。尽管土壤动物在分解过程中起着重要的作用，但分解过程中仅产生不到 10% 的 $CO_2$。这些微生物在降解草坪拦截的有机化学物质、农药中起重要作用。

4. 有效改良土壤结构，加速土地恢复

在草本植被覆盖下，其组织和根系死亡后形成的土壤腐殖质能使土壤结构变好、肥力提高，土壤有机质得到有效增加，从而改良土壤。草坪根系分布范围受品种、管理及土壤条件制约，一般深度范围为 0.5～3 米。

5. 散热降温

市区的总体温度一般比周围郊区高 5～7℃。草坪对市区辐射热有较高水平散发作用。

6. 利于治安，减少火灾

大片浓绿、生长低矮的草坪，视野开阔，便于发现作案人员，犯罪人员也不愿意侵入这一地区。可见草坪对某些特殊地区如军事重地、保密单位、安全部门提供了一个成本低廉的安全设施。如果建植的位置恰当，生长低矮的草坪还可以成为好的火灾隔离区，可显著地减轻火灾危害，特别对周围是林区的建筑，其防火功能更为显著。

7. 保证行车安全，延长机器寿命

公路两侧修剪低矮的草坪可保证行车安全，同时也是防止土壤流失、保护路基的有效设施。公路两侧的路标、警示牌、人畜安全对驾驶人员来说至关重要，特别是快速行车时，修剪低矮的草坪比乔木、灌木更能改善路标、警示牌等的可见度。在飞机场和行车道旁，草坪用于土壤和尘土的固定，可延长机器的寿命。在小型飞机场上可直接用草坪作为跑道，造价低廉。

8. 吸引某些野生动物栖息

日益增长的世界人口导致了城市用地范围的扩大，给这些地区野生动物的生存带来了危险。合理的规划，在居民区、工矿企业、公共场所周围建植一片绿地景观，可以吸引某些野生动物群落栖息，也给城市居民带来一份欢乐。草坪、乔木、灌木、水塘，像在高尔夫球场中一样，容易吸引某些野生动物。有研究表明，草坪生态系统中生存有大量的昆虫，极易吸引雀形目鸟类。

**二、草坪的娱乐功能**

草坪提供了一个成本低、安全性强的娱乐场地，许多室外运动和娱乐活动都可在草坪上进行，如射箭、射击、羽毛球、垒球、板球、足球、高尔夫球、赛马、保龄球、橄榄球、排球等。通过在草坪上的娱乐和休闲活动，人们可以享受置身大自然的乐趣，又可增强体质和身心健康，这对现代社会特别是人口密集的城市居民来说尤为重要。社区居民也会为有漂亮的体育草坪而感到自豪。观众则会感到欣赏草坪上的体育比赛是一种享受。草坪具有独特的缓冲能力，与质量差或无草坪的土壤比较，优质草坪可以减少运动员的受伤机会。草坪富有弹性，走在上面非常舒适，这对保护运动员的双足、腿部有很好的作用。人们也可以通过保养、修剪草坪得到锻炼和放松，解除一天工作的紧张和疲劳。

**三、草坪的美学功能**

草坪以美丽动人的外观改善着人们的生活质量。与乔木、灌木、花卉结合起来，其美学价值得到了充分地体现。除此之外，草坪还具有许多日常生活中常被忽视的医疗功能。

1. 给人类提供特别优美舒适的活动和休憩场所

人们在闲暇时间需要更多的体育运动和娱乐活动来舒缓快节奏的身心。同时草坪还可提供人们日常的室外娱乐活动场地，在公园绿地郊游、聚会、野餐时，人们可享受到置身于大自然的乐趣。

2. 促进人类的身心健康

绿茵茵的草坪给人们带来一种宁静、和谐与安逸的感觉和安宁祥和的气氛，直透人们的心灵，开阔人们的胸怀，陶冶人们的情操，使人们忘记工作的疲劳、生活的忧伤，充满对新生活的向往，极大地调节和改善人们的心理健康状况。

绝大多数城市居民常留恋带着草坪绿地及花木的市区公园、林地。如果公园中、道路旁、居民区、学校、企业没有绿色的草坪植被，城市将会暗淡无色，并导致生产力下降、居民易患焦虑症及其他身心疾病。医院就是利用了草坪及其他自然景观的医疗功能，通过室外观光促进住院病人的康复。公园、林地和绿地景观对改善城市居民的生活质量起着重要作用，它包含了对自然资源的利用和对自然美的享受，并能激发人们爱护大自然的热情和加强环境保护的意识。

3. 对社会和谐与生产力提高的贡献

在工厂、企业周围的绿地是一种有形资产。一方面它代表了企业的形象，另一方面也表达了对职工和公众负责的态度，职工对企业会抱有信心，生产力也会提高，因此，草坪植被成为社会稳定与和谐的基础。新近研究表明，室外风光和植被的美感直接与人体健康相联系。清新、凉爽、绿色、自然的草坪可为人们的生活、工作和娱乐提供优美的环境。随着生活节奏和都市化的加快，对居民的精神风貌和身心健康来说，草坪的美学价值也在不断体现。草坪在房地产中的增值作用早被房地产开发商所重视，据调查，住宅周围建植有草坪可使房产增值6%～10%。

总之，草坪是一种相对价廉、耐久的地面覆盖物，在环境生态保护中起着至关重要的作用，同时为人们的体育和休闲活动提供安全、舒适的场所，它能美化环境、提高生产力、促进社会和谐与安定。因此，发展草坪业也是社会主义精神文明建设的重要组成部分。

## 第三节　草坪草的概念和形态特征

### 一、草坪草的概念

人们通常把构成草坪的植物叫草坪草。草坪草大多是质地纤细、株体低矮的禾本科草类。具体而言，草坪草是指能够形成草皮或草坪，并能耐受定期修剪和使用的一些草本植物种类。

草坪草通常都具有以下特性：植株低矮、分蘖力强、根系强大；耐修剪、耐滚压、耐践踏；繁殖力强，易于成坪，受损后自我修复力强；弹性强，软硬适度；叶形较细，色泽浓绿且绿期长；适应性强，易于管理。

草坪草大多以禾本科的草本植物为主，也有部分符合草坪要求的其他单子叶和双子叶草本植物，如百合科的麦冬（沿阶草），莎草科的苔草，豆科的白三叶、红三叶等。

无论哪一种草坪草，在草坪中一般均处于营养生长状态，即植株由根、茎、叶组成，有些情况下也会形成花、果实、种子。这些器官的生长和发育规律，是草坪建植与养护管理的基础和依据。因此，了解和掌握草坪草的形态特征和生长发育规律，对维持草坪生态系统的动态平衡，建植高质量的草坪具有十分重要的意义。

### 二、禾本科草坪草及其特征

禾本科草坪草是草坪建植中常用的草坪草主体，了解其形态特征是进行草坪草种识别、草坪建植与养护的基础。下面侧重介绍禾本科草坪草的外部形态特征（图1-1）。

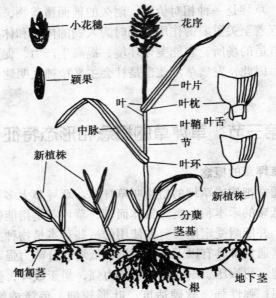

（引自：《草坪建植与管理》，张志国，1998）

**图1-1　草坪草整株示意图**

**（一）根**

禾本科草坪草的根包括由种子萌发时胚根发育而来的初生根以及着生于茎节上的不定根（次生根）两种类型。一般初生根只在草坪建植当年存在，不定根在种子萌发后会不断形成，数量多而密集，是构成禾本科植物根系的主体。

**（二）茎**

禾本科草坪草的茎通常有两种类型：一种是与地面垂直生长的直立茎；另一种是朝水平方向生长的横走茎。

直立茎呈狭长的筒状或管状，有明显的节和节间，节间常中空，节是叶片和腋芽的着生点，由秆节和鞘节两个环组成。

横走茎有两类：一类是位于土壤表面的匍匐茎；另一类是位

于土壤表面之下的根状茎。匍匐茎和根状茎具有明显的节和节间，节的部位既能产生新枝条又能产生不定根，所以能利用匍匐茎或根状茎作为无性繁殖材料进行建坪。

**（三）叶**

禾本科草坪草的叶交互着生于茎的节上，由叶片和叶鞘组成。

叶鞘通常紧密包绕茎秆，呈闭合或开裂状，它起着保护幼芽和茎的生长、增强茎的支持等作用。

叶片相对平展，通常呈对折、扁平、内卷等形状，多数形小、细长且密生。叶片的宽窄直接影响草坪的质量和观赏效果。一般叶片越窄越细，观赏价值越高。叶片的色泽也影响草坪的质量和观赏效果。

在叶片和叶鞘连接处的内侧，即靠近茎秆的一侧，有一膜质片状或纤毛状的突起结构，称为叶舌。它可以防止害虫、水分及病菌孢子等进入叶鞘，也能使叶片向外伸展。叶舌形状因草坪草种类不同而变化。

叶片和叶鞘连接处的外侧，即远离茎秆的一侧，与叶舌成对应的位置上，有一浅绿色或白色的带状结构，称为叶环（或叶枕、叶颈）。叶环具有弹性和延伸性，可调节叶片的伸展方向。不同草坪草品种的叶环在形状、大小、色泽上有明显不同。

有些草坪草在叶舌的两侧，有一对从叶片基部边缘延伸出的膜质耳状或爪状的附属物，称为叶耳。叶耳的有无、大小及形状是识别禾本科草坪草种属的依据。

**（四）花序**

禾本科草坪草的花序通常有三种：总状花序、圆锥花序和穗状花序（图1－2）。总状花序的小穗有柄，如地毯草、假俭草、巴哈雀稗的花序；圆锥花序由分枝的穗状或总状花序构成，如早熟禾、翦股颖、小糠草的花序；穗状花序的小穗无柄，如狗牙根、黑麦草、结缕草、冰草的花序。

　　禾本科草坪草的花序由若干小穗组成。小穗（图1－3）为禾本科植物花序的基本单位，具柄或不具柄。每个小穗下边通常具2个颖片，外面的一枚叫外颖，里面的一枚叫内颖，颖以上是一至数朵小花。花外又各有2枚苞片，下方外侧一片称外稃，内侧一片为内稃。有少数种类其外稃顶部或背部具芒。苞片和颖片交互着生于果柄上。包在内外稃里的小花通常为两性，具2枚由花被退化而成的浆片、3枚雄蕊及1枚雌蕊。雄蕊具大型花药，花丝着生在花药的基部或中部。子房上位，一室，心皮内含一个胚珠，子房上有2个羽毛状柱头。

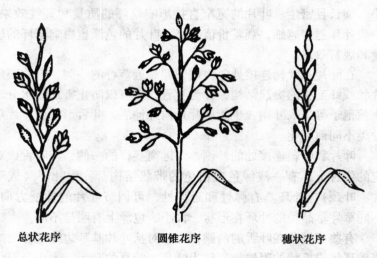

总状花序　　　　　圆锥花序　　　　　穗状花序

（引自：《草坪建植与管理》，张志国，1998）

**图1－2　草坪草的三种主要花序类型**

（五）果实

　　禾本科草坪草的果实为颖果，内含一粒种子，由于果皮和种皮紧密愈合在一起不易分开，生产中这种果实也叫"种子"，可以直接作播种材料用。颖果内真正的种子含有高度进化的胚，位于颖果基部向外稃的一面，呈圆形或卵形凹陷，与提供营养的胚乳相邻。胚包括胚芽（外有胚芽鞘）、胚根（外有胚根鞘）、胚轴和子叶（盾片）。

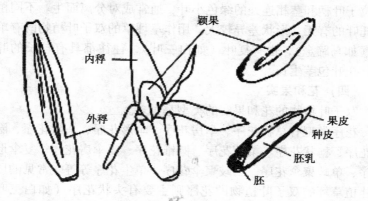

**图1-3　草坪草小穗的组成**

### 三、其他草坪草及其特征

适于建植草坪的草本植物除禾本科草坪草以外，还有某些非禾本科草坪草，如豆科的白三叶、红三叶、小冠花，旋花科的马蹄金，莎草科的细叶苔草、白颖苔草，百合科的麦冬等。下面仅就双子叶草坪草作简单介绍。

#### （一）根

直根系是双子叶植物根系的主要特征，主根粗大明显，其上可产生各级侧根。可用作草坪草的双子叶植物往往能在匍匐茎上产生须根状的不定根，如白三叶草匍匐茎上长出的不定根。

#### （二）茎

茎是植株的地上部分，着生叶和芽，主要起输导和支持作用。用作草坪草的双子叶植物通常都具有发达的匍匐茎，茎节上能产生不定根。

#### （三）叶

双子叶植物的一个完全叶由叶片、叶柄和托叶三部分组成。

叶片是叶的主要部分，通常为绿色，宽大而扁平，有单叶、复叶之分，形状变化也很多。叶柄是叶片与茎相接的中间部分，托叶是位于叶柄和茎相连处的绿色小叶，通常成对分离而生。不同植物托叶的有无、形状差异较大。用作草坪草的双子叶植物既有单叶（如马蹄金），也有复叶（如白三叶），往往都具有较长的叶柄，托叶包茎生长。

**（四）花和果实**

双子叶植物的花和果实的类型都很多。

花序类型有总状花序、伞房花序、伞形花序、头状花序、隐头花序、穗状花序、柔荑花序、圆锥花序、复伞房花序、复伞形花序、单歧聚伞花序、二歧聚伞花序、单生花序等等。常见的用于建植草坪的双子叶植物的花序则主要有头状花序（如白三叶草），总状花序（如麦冬），伞房花序（如红花酢浆草），二歧聚伞花序（如地被石竹），而马蹄金的花则通常是单生的。

果实类型有浆果、柑果、梨果、核果、荚果、蓇葖果、角果、蒴果、瘦果、坚果、聚合果、聚花果等。常见的用于建植草坪的双子叶植物的果实则主要有荚果（如白三叶草）、浆果（如麦冬）、蒴果（如马蹄金、地被石竹）。

# 第四节 草坪草的分类

草坪草资源极其丰富，特性各异，现已被利用的草坪草有1 500多个品种，随着草坪业的发展，草坪草育种的深入，还会不断发现新的草坪草。根据一定的标准将众多的草坪草区分开来称为草坪草分类。分类是选用草种及开发利用草坪草资源的基础。草坪草是根据植物的生产属性从中区分出来的一个特殊化了的经济类群，因此在分类上无严格的体系。分类通常是在大经济类群的基础上，借助植物分类学或对环境条件的适应性等规律进行的多种分类。

**一、按植物系统学分类**

在植物系统学分类中，每一种植物都有各自的分类位置，代表它所归属的类群及进化等级，表明它们与其他植物亲缘关系的远近。同时，每一种植物都有一个拉丁文的学名，由两个词组成，前一个为属名，后一个为种加词，以斜体表示。在属名和种加词后常跟命名者姓名的缩写。如草地早熟禾的分类位置如下：植物界；种子植物门；被子植物亚门；单子叶植物纲；颖花亚纲；禾本目；禾本科；早熟禾亚科；早熟禾族；早熟禾属；草地早熟禾。

一种植物在不同的地区有不同的名字，甚至在同一地区就有几个不同的名字，或者不同植物叫同一个名字，这些都容易造成混乱。但每一种植物的学名（拉丁名）只有一个。掌握这种分类方法，即可利用各种文献资料，获得草坪草最基本的植物学知识。

**（一）禾本科草坪草**

按植物系统分类法，大部分草坪草属于禾本科，占草坪植物的90%以上，分属于羊茅亚科、黍亚科、画眉草亚科，是草坪草的主体，600多属，10 000余种。能用于草坪，即耐践踏、耐修剪，能形成密生草群的有千种之多。常见的有翦股颖属、羊茅属、早熟禾属、黑麦草属和结缕草属。

1. 羊茅亚科草坪草

为冷季型草，绝大多数分布于温带和副热带气候地区，亚热带地区偶有分布。一般为长日照植物，花的产生须具备春化作用和凉爽的夜晚。花有1～12个小穗，脱节于颖片之上，小花脱落后两花间的颖片仍附着在株体上。花序为圆锥花序，偶有总状花序和穗状花序。花的苞片纵生而折叠，花序侧向压缩。

2. 黍亚科草坪草

为暖季型草，大多数生长在热带和亚热带。常为短日照或中日照植物，花形成期需温暖夜晚而不需春化作用。小穗是典型的单花小穗，小花脱落时，脱节发生在颖片之下，整个小穗（包括颖片）脱落。一般为圆锥花序，偶见小穗近轴压缩的总状花序。

3. 画眉草亚科草坪草

为暖季型草，主要分布于热带、亚热带和温带地区，有些种完全适应这些气候带的半干旱地区。一般为短日照和中日照植物，须通过春化作用和温暖夜晚才能形成花。大多数的小穗类似羊茅亚科，染色体数量、大小以及大部分的胚、根、茎和叶的特征与黍亚科相近。

**（二）非禾本科草坪草**

除禾本科外，凡是具有发达的匍匐茎，低矮细密，耐粗放管理、耐践踏、绿期长，易于形成低矮草皮的植物都可以用来铺设草坪。莎草科草坪草，如：白颖苔草、细叶苔、异穗苔草和卵穗苔草等；豆科车轴草属的白三叶和红三叶、多变小冠花等；百合科的麦冬、沿阶草；旋花科的马蹄金等，都可用做建植园林花坛、造型和观赏性草坪植物。

**二、按气候与地域分布分类**

不同类型的草坪草起源、分布于不同的气候带，反映出各自的生态特征特性。借此分类，有助于建坪草种的选用，栽培管理措施的确定。

**（一）暖季型草坪草**

主要分布在长江流域及以南较低海拔地区。大多数只适应于华南栽培，只有少数几种可在北方地区良好生长。最适生长气温在 26～32℃，生长的主要限制因子是低温强度和持续时间，这类草坪草在夏季或温暖地区生长最为旺盛，它的主要特点是冬季呈休眠状态，早春开始返青，复苏后生长旺盛。进入晚秋，一经霜害，其茎叶枯萎褪绿。年生长期为 240 天左右，耐低修剪，有较深的根系，抗旱、耐热、耐践踏。

## （二）冷季型草坪草

主要分布于我国华北、东北和西北等长江以北地区。适合于我国北方地区栽培，其中也有一部分品种，由于适应性较强，亦可在我国中南及西南地区栽培。最适生长气温为 15～24℃，生长的主要限制因子是高温强度和持续时间以及干旱。主要属于早熟禾亚科。它的主要特征是耐寒性较强，夏季不耐炎热，春、秋两季生长旺盛。在长江以南，夏季高温高湿同期，冷季型草坪草容易感染病害，必须采取特别的管理措施，否则易于衰老和死亡。

其实，这两类草间具有过渡类型，常称为"过渡地带型"。如高羊茅属于冷季型草，但它具有相当的抗热性；而马蹄金属于暖季型草，但在冷热过渡地带，冬季以绿期过冬。

## 三、其他分类方法

草坪在园林绿化布景和其他方面的用途极为广泛，随着人们生产、生活需要的扩大，草坪草的应用方法也灵活多变，表现形式多种多样。从不同的角度和标准出发，可以把草坪草分为以下类型。

## （一）按草坪绿期分类

"绿期"是草坪草的一项重要质量指标。因此，以草坪草在建草坪地区绿色期为依据，分为夏绿型、冬绿型和常绿型。

### 1. 夏绿型

指春天发芽返青，至夏季生长最旺盛，经秋季入冬而黄枯休眠的一类草种，绿期与当地无霜期相当。

### 2. 冬绿型

指秋季返青，进入秋生长高峰，整个冬季保持绿色，春季再出现一个春生长高峰，至夏季黄枯休眠的异类草种。

### 3. 常绿型

指一年四季能保持绿色的一类草种。这里强调"建草坪地区"的表现，因为同一种草在不同地区，绿期不同。例如，狗牙根在我国岭南地区是常绿的，而在五岭山脉以北，则属夏绿型；匍茎翦股颖在南京地区属冬绿型，而到北京、天津地区则属夏绿型。应该指出，即使在同一地点，同一种草坪草形成的草坪，在不同年份，绿期的表现也可能不同。

**（二）按草坪草叶宽度分类**

1. 宽叶型草坪草

茎叶粗壮，叶宽4毫米以上，生长强健，适应性强，适用于较大面积的草坪地。如结缕草、地毯草、假俭草、竹节草、高羊茅等。

2. 细叶型草坪草

茎叶纤细、叶宽4毫米以下，可形成平坦、均一、致密的草坪，但生长势较弱，要求日光充足，土质良好的条件。如翦股颖、细叶结缕草、早熟禾、细叶羊茅及野牛草。

**（三）按草坪草株体高度来分类**

1. 低矮型草坪草

株高一般在20厘米以下，可以形成低矮致密草坪，具有发达的匍匐茎和根状茎。耐践踏，管理粗放，大多数适于高温多雨的气候条件；多行无性繁殖，形成草坪所需时间长，若铺装建坪则成本较高，不适于大面积和短期形成的草坪。如野牛草、狗牙根、地毯草、假俭草。

2. 高型草坪草

株高通常在20厘米以上，一般用播种繁殖，生长较快，能在短期内形成草坪，适用于建植大面积草坪，其缺点是必须经常修剪才能形成平整的草坪。如高羊茅、黑麦草、早熟禾等。

# 第二章 草坪草的生物学特性和主要品种

## 第一节 草坪草的生物学特性

### 一、草坪草对生态环境的要求

#### (一) 光照

光是地球上一切植物的能量来源。草坪草作为绿色植物，吸收光能，同化二氧化碳和水，制造有机物质并释放氧气，这一过程称作"光合作用"。通过光合作用，草坪既满足自身生长发育的养分需要，也为人类提供了必需的生存和生活条件。光对草坪草的影响是多方面的，贯穿其生命活动的始终。光强、日长、光质都与草坪草的生长发育有着密切的关系。

1. 光强

植物正常生长发育要求一定的光照强度，进行光合作用，获得能量和有机物，维持生命，完成生活史，充足的光照对于草坪草的生长发育是必不可少的。

植物对光照强度的要求通常用"光补偿点"和"光饱和点"来表示。在无光的情况下，植物只有呼吸消耗，没有光合积累，净光合强度为负值。随着光照强度的增强，吸收二氧化碳逐渐增加，实际光合强度也逐渐增加，到某一光照强度，实际光合强度与呼吸强度相等，净光合强度为零，这时的光照强度即为光补偿点。随着光照强度的进一步增加，光合强度也先是快速增加，然后增幅逐渐减缓，当达到一定值后，光合强度趋于稳定，此时的光照强度即为光饱和点。大部分草坪草的光补偿点较低，为全日照光强的 2% ~5%，但光饱和点就比较高，个别草种（品种）

如狗牙根可达到全日照光强的 1/3。

但以上仅是单叶测定的结果，在群体条件下，情况就大不相同。群体枝叶繁茂，当外部光照很强，上部叶片达到光饱和点时，内部的光照强度仍在光饱和点以下，中下部叶片可充分利用群体中的透射光和散射光，所以草坪上空通常测不到光饱和点。在自然光照条件下，光照越强，群体的光合强度越大。

光照如果不足，作为草坪草的群体，整个草坪会受到影响。通常在生理上表现为叶绿素含量升高，光补偿点降低，贮藏碳水化合物降低，碳氮比降低，物质转运速度降低，含水量增加，渗透势下降。在形态发育上，植株呈弱光形态，叶片变薄，变宽变长，比叶重下降；密度降低，分蘖减少，出叶速度减慢，进行垂直生长。在江淮流域的梅雨季节常会因为光照强度的下降，使草坪草密度变稀，垂直生长显著，草坪变得粗糙。而且由于内部光照不足，使中下部叶片发黄，修剪稍有延误，修剪后的草坪就会呈现黄褐色，影响美观。同时，由于贮藏物质的减少，草坪草抗病性减弱，容易感染病害，造成空秃。

而另一方面，虽然草坪草都是喜光的，但对光照的不足具有一定的适应能力，称为耐阴性。不同草坪草的耐阴性不同，一般而言，暖季型草坪草的耐阴性不如冷季型草坪草。在冷季型草坪草中，小糠草、细弱翦股颖等耐阴性较强，黑麦草较弱。而暖季型草坪草中，钝叶草耐阴性最强，狗牙根最弱。在考虑林下草坪、疏林草坪及城市高层建筑间草坪的布置时，耐阴性是一个十分重要的因素。

光照强度也不是越大越好，当光强超过光饱和点时，植物不仅不能利用，反而会使光合作用过程受到抑制。如果强光持续时间较长，会使光合色素发生光氧化而使光合膜受到损害。光呼吸便是植物的一种保护机制。不同草坪草的光饱和点不同，狗牙根、结缕草等 $C_4$ 植物光饱和点高，而翦股颖、马蹄金等 $C_3$ 植物光饱和点低。这也许是早熟禾等冷季型草坪草在南方地区越夏困难的原因之一。

2. 日长

日长是指天文学上晨昏的时间间距。日长不仅影响光量，而且能影响植物发芽分化与开花，这就是植物的光周期反应。根据植物不同的光周期反应，可将植物大致分为长日照植物、短日照植物和中间型植物。长日照植物必须在日照长度大于临界日长时才能进行发芽分化，而短日照植物则必须在日照长度小于临界日长时才能开花，中间型植物对日长要求不严格。

日照长度依季节和纬度而异，因而对植物的起源和地理分布有很大的影响。一般长日照植物起源于高纬度地区，短日照植物起源于低纬度地区。但传播过程中，有些植物经过逐渐的适应，对日长要求已不太严格。

日照长度对草坪草生长、开花和再生等影响很大，对于一年生草坪草来说，其影响要比对以营养体繁殖的多年生草坪草更大。同一种草坪草中，日长反应也不一样。如早熟禾，同时具有长日、短日和中性3种类型。在短日照下，出穗的有无对狗牙根草坪的质量影响极大，大量的果穗使得草坪不再保持诱人的绿色，降低了草坪的观赏品质。在草坪生产上，光周期反应是能否引种的条件之一。中国草坪业的发展需要有自己的草坪草种生产基地，应加强这方面的研究。

3. 光质

光质是指不同波长的光。草坪冠层接受的是完全光谱，但光谱中不同成分对作物的生长发育和生理功能的影响是不一样的。有人将太阳光对植物的效应，按波长划分为8个光谱带，各光谱带对植物的影响大不相同。波长大于720纳米的相当于远红光，720~610纳米为红、橙光，610~510纳米为绿光，510~400纳米为蓝光、紫光，小于400纳米的是紫外线。

红光有利于碳水化合物的合成，蓝光则对蛋白质的合成有利。反射光主要是黄光、绿光，所以植物呈现绿色。所以草坪不论吸收还是反射阳光，都在为人类服务。

另外，光还能促进某些种子的萌发，这些种子被称为喜光种子。它们有䍂股颖属的各个种、草地早熟禾、加拿大早熟禾、冰草、高羊茅、多年生黑麦草、狗牙根和结缕草的各个种。在进行种子发芽率测定时，这些草坪草的种子需有光照。喜光种子播种后覆土要薄，一般不超过5毫米。

**（二）温度（热量）**

草坪草生长发育需要一定的热量，而温度是热量的直观表示。温度的规律性或节奏性的变化以及极端温度的出现，都对草坪草有着极大的影响。

1. 温度的三基点

草坪草只能在一定的温度范围内才能正常生长。温度过低，草坪草生命活动停止，生长受到抑制或处于休眠状态；温度过高，光合作用受到抑制，呼吸作用旺盛，植株变弱；只有在一定的温度范围内，草坪草才能生长旺盛。所以草坪草对温度的要求有最低点、最适点和最高点之分，称为温度的三基点。但要注意，生长的最适温度是指生长速度最快的温度，往往不利于形成健壮的植株，所以要形成良好的草坪，要求的最适温度略低于生长最适温度。

不同草坪草，温度的三基点是不同的。一般原产于低纬度地区的植物，生长的三基点温度较高，耐热性好，抗寒性差。原产于高纬度地区的植物，生长的三基点温度低，耐热性差而抗寒性好。其间有一系列中间类型。相应地，暖季型草坪草生长的三基点温度高，耐热性好而抗寒性差，最适的生长温度为25~35℃，最低生长温度为10~15℃。冷季型草坪草生长的三基点温度低，耐热性差而抗寒性好，适宜的生长温度为15~25℃，最低生长温度甚至可达到4℃。其间也有一系列过渡类型。

不同的生理过程也有不同的三基点温度。草坪草光合作用的最低温度为0~5℃，最适温度为20~25℃，最高温度为40~

50℃。而呼吸作用则分别为 –10℃、36～40℃、50℃。不同草坪草种或品种，光合作用和呼吸作用的三基点温度有所变化，而且光照强度、二氧化碳浓度、土壤水分含量及管理措施的不同也会对三基点温度产生一定影响。

草坪草的不同器官生长的三基点温度也不同，一般地下部低于地上部。大部分冷季型草坪草根的生长均以土壤不冻结为限，即使在深秋也继续生长。温度高于 0℃ 时，根尖就进行细胞分裂。而根连续生长的最适温度范围为 10～18.3℃。暖季型草坪草根生长的最适温度也比地上部生长的最适温度低。

草坪的不同生育时期的温度三基点不同。在营养生长时期，对温度的要求不严格，适应范围广。而在开花结果期，要求的温度范围窄，尤其是花粉母细胞减数分裂期，比一般生育过程要求更为严格的温度值。

2. 温周期现象

温度影响草坪草的生长，还表现为温周期现象。在自然环境中，温度处在不断变化之中。温度昼夜间有规律的变化称作温周期。在平均温度相同时，草坪草的生长发育在昼夜变温的条件下表现得更好的现象称为温周期现象。碳水化合物的生产是在白天进行的，而最优植物生长则是在夜间温度较低的情况下进行。昼夜温差大，有利于草坪草的物质积累，使得草坪草生长健壮，抗逆性好，草坪质量高。如果昼夜温差小，夜温很高，则有相当一部分日间的光合产物被夜间的呼吸作用所消耗，物质积累少，植株将变得弱小并容易感病。

3. 草坪草的耐热性和耐寒性

当环境温度超过生长发育的最低或最高温度时，草坪草将受到低温或高温胁迫，但还能维持生命而不死亡。草坪草对不良环境温度有一定的耐性和适应性。当温度继续降低或增高时，对草坪草的危害逐渐加重。在致死温度界限，草坪草遭受到永久性的损伤，导致死亡。这两个极限温度值随持续时间的长短而有所变化。如果持续时间短暂，草坪草可耐非常高和非常低的温度；但同样的温度条件，时间一长，草坪草可能会死亡。草坪草对短期内的极端温度是可以躲避的，它们会丢弃敏感结构（地上部）或将营养体缩为地下器官，从而躲过不利季节，在适宜的生长季节到来时重新萌发。草坪草的地下茎或分蘖节的温度界限是草坪草生存的临界值。

高温对草坪草的伤害主要是造成植株过度蒸腾失水，引起细胞脱水，形成一系列的代谢失调。耐高温的草坪草一般起源于干旱和炎热环境，其蛋白质对热相对稳定，在高温下仍能保持一定的正常代谢。不同草坪草的耐热性不同（表2－1），相差很大，而不同器官的耐热性也不相同。

表2－1　草坪草种与耐热性

| 耐热性等级 | 草坪草的种类 |
| --- | --- |
| 极好 | 结缕草、狗牙根、野牛草、假俭草、地毯草、钝叶草 |
| 好 | 高羊茅、草地羊茅 |
| 中等 | 细弱翦股颖、匍匐翦股颖、草地早熟禾 |
| 尚可 | 加拿大早熟禾、邱氏羊茅、紫羊茅、一年生早熟禾 |
| 很差 | 多年生黑麦草、小糠草、意大利黑麦草、粗糙早熟禾 |

适宜的栽培措施也可以增加草坪草的抗热性，使其安全越夏。如在夏季高温季节，在早晚进行灌溉，既提供草坪草生长所需水分又能通过蒸发降低草坪温度，从而为草坪草创造一个较为适宜的小环境。

草坪草由于起源不同，对低温的耐受性极不相同。暖季型草坪草在10℃时就表现出冷害，随着温度的降低，地上部逐渐枯死而以地下部根茎越冬。狗牙根有很多生态型，某些耐寒的狗牙根地下茎在 －20℃低温下仍能安全越冬。选育抗寒性强的暖季型草坪草新品种，拓宽其应用范围，延长其绿色期，是草坪草育种的重要方向。

　　冷季型草坪草虽然在零度以上的低温仍可以生长，但当气温达到冰点以下时，仍然会受到不同程度的伤害。降温的幅度越大，持续的时间越长，解冻越突然，对草坪草的危害越大。受冻害的组织或细胞由于结冰而受到伤害，导致叶片萎蔫、卷曲，叶色变黄终至干枯死亡。有资料表明，在 -9℃时，翦股颖、多年生黑麦草、草地早熟禾、高羊茅的植株伤害率达50%，但这只是地上部器官的表现，其分蘖节仍具有活性，即植株仍然存活着，一旦温度回升，还可以发出新芽。冷季型草坪草抗寒性好，这是其越冬表现好、早春返青早而快、绿色期长的遗传基础。

　　表2-1、表2-2是一些草坪草耐热性和耐寒性的大致分级，仅供参考。经过草坪育种家们的努力，新品种层出不穷，各草种中都有一些耐寒性、耐热性强的品种，以适应不同气候条件，扩大了草坪草的应用范围。

表 2 - 2　草坪草种与耐寒性

| 耐寒性等级 | 草坪草的种类 |
| --- | --- |
| 极好 | 粗茎早熟禾、匍匐翦股颖 |
| 好 | 猫尾草、草地早熟禾、加拿大早熟禾、细弱翦股颖、小糠草 |
| 中等 | 紫羊茅、草地羊茅、一年生早熟禾、高羊茅、结缕草 |
| 差 | 多年生黑麦草、马尼拉结缕草、狗牙根 |
| 很差 | 意大利黑麦草、雀稗、假俭草、地毯草、钝叶草 |

4. 温度对开花结实的影响

　　温度与某些草坪草开花结实密切相关，表现在花芽的形成必须具备一定的温度条件。某些冷季型草坪草必须经过一段时间的低温刺激才能诱导花芽形成，这种现象称为春化作用。一些多年生冷季型草坪草只有通过春化阶段才能开花；而一年生的冷季型草坪草，如一年生草地早熟禾及一年生黑麦草则对春化作用要求不明显。暖季型草坪草开花不需要经过春化作用。事实上，温度低于 12.8℃时，对暖季型草坪草的花芽诱导形成不利。春化作用与光周期在诱导花芽形成时常常相互作用。春化作用在草坪管理上无特别重要的意义，甚至有些负面影响，开花的种穗会影响草坪草的均一性，但它在育种与种子生产中被广泛应用。在一年生早熟禾的改良育种中，选择春化作用弱的变种进行杂交，可以不受季节的限制，全年都可进行。在草种生产中，必须春化的草坪草有小糠草、紫羊茅、黑麦草与草地早熟禾等。

种子成熟后往往不能立即发芽或发芽率不高，需经过后熟作用，种子内部发生一系列生理生化过程才真正成熟能够发芽。低温处理是打破休眠、促进种子发芽的有效手段之一。在做发芽率测定时，通常将种子在 5 ~ 10℃条件下进行 7 ~ 10 天的冷处理，提高种子的发芽率。需要预先进行冷处理的草坪草有野牛草、匍匐翦股颖、细弱翦股颖、黑麦草属、草地早熟禾等。

## （三）水分

水对生命极为重要，没有水就没有生命。植物的一切正常生命活动，只有在一定的细胞含水量下才能进行，否则将会受阻，甚至死亡。植物从环境中不断吸收水分，以满足正常的生命活动需要，同时，又不断散失水分到大气中，形成了植物的水分代谢。

### 1. 草坪草的含水量

水分是植物体的重要组成部分，草坪草的含水量可达其鲜重的 65% ~ 80%。含水量与草坪草种类、组织器官及生长环境有关。通常冷季型草坪草含水量比暖季型草坪草高。正常生长的草地早熟禾叶片的含水量为 75% ~ 80%；而日本结缕草和野牛草叶片的含水量可低至 60% ~ 65%。在暖季型草坪草中，野牛草的含水量很低，在接近休眠的野牛草叶片中，含水量可低至鲜重的 50%。同种草坪草生长在不同的环境中，含水量也有差异。生长在荫蔽、潮湿环境中的草坪草，含水量要比向阳、干燥环境中的要高。养护管理水平高、肥水充足的草坪草的含水量稍高一些。同一植株中，不同器官和不同组织中的含水量差异甚大，根的水分含量最高，叶中等，茎最低。一般生长活跃部分，如根尖、幼苗、幼叶等含水量较高，可达 70% ～90%，休眠芽约40%，休眠种子仅为 5% ～15%。

2. 草坪草对水分的吸收与散失

草坪草通过根系从土壤中吸收水分，再经过输导组织向地上部输送，满足生命活动的需要。草坪草体内水分从表面以气态水的形式向外界大气输送的过程称为蒸腾。草坪草根系从土壤中吸收的水分，有 1.5% ～2% 用于组成植物体本身，98% 以上进入草坪草体内后，再通过叶面气孔，或者植物体表面散失到大气中去。草坪草在湿润空气中蒸腾水分不多。蒸腾包括了植物对水的吸收、传输和向大气中释放，形成土壤—植物—大气连续体。蒸腾是维持植物体内正常温度范围的主要方式。通过蒸腾，可以降低叶片温度，防止高温伤害。水蒸气的排出主要是通过分布在叶片表层大量小的气孔来完成的，也有少部分通过角质层进行。通过蒸腾作用，植物产生一种吸收水分的动力，使水分源源不断地被根系所吸收，这一过程是一个被动的过程。另一种吸水的动力是根压，这是一个主动的过程，需消耗能量。草坪草吸收水分的能力决定于其根系的活力和土壤中有效水含量。草坪草生长状况、土壤温度、土壤通气性制约着根系的生长发育，从而影响水分吸收。夜间根系通过根压力吸水，而将多余水分通过叶边缘的大量排水孔或新修剪叶片的伤口排出体外，清晨可以在叶尖看到小水珠，这种现象称作吐水。吐水现象表明草坪草生长良好。叶尖吐水是在蒸腾强度小、水分快速吸收、根部的水压增加的条件下产生的。吐出的液体内含有多种来自植物体内的矿质营养和简单的有机化合物。这些物质是真菌活动和生长良好的营养物质，因而，叶尖吐水可能增加真菌侵害草坪草的概率。显然，当叶尖吐出的液体蒸发后，其内的盐分在叶片表面浓缩，也可能引起叶面灼伤。

3. 草坪草的需水量

草坪草以蒸散的形式消耗土壤中的水分。蒸散是包括草坪土壤蒸发和植物蒸腾的总耗水量，也简称蒸散量。草坪草需水量是在正常生育状况和最佳水、肥条件下，草坪草整个生育期的蒸散量，也称潜在蒸散量，以毫米计。草坪草需水量是研究其水分变化规律、分析和计算灌溉用水量等的依据。

草坪草对水分的需求可以从生理需水和生态需水两方面考虑。直接用于草坪草生命活动与保持植物体内水分平衡所需水分称作生理需水。如前所述，蒸腾耗水占生理需水的绝大部分。生态需水是为了达到所需草坪质量，保持良好的草坪生态环境所需消耗的水分。如盐碱地灌水有洗盐、压碱的作用；草坪灌冻水有防御冻害的作用；另外，有时一定的渗漏对草坪草的生长也是有利的。

4. 草坪草的耐旱性

在某些条件下，植物失水快于根系吸水，这样，在植物体内形成了水分亏缺。这对植物可能有利也可能有害，这主要取决于水分失衡的数量和时间的长短。小心控制水分亏缺，可以促使植物生长和其他形态学上的改进，从而改善草坪草对环境胁迫的抗性。当土壤水分严重缺乏时，植物组织的水分过度亏缺，从而对植物造成伤害，这就形成了干旱。而当大气相对湿度过低时，使得植物蒸腾加剧，远大于植物吸水的速度，从而破坏水分平衡，也会造成干旱。干旱条件下，植物失水超过吸水，植物细胞水势下降，叶片与茎的幼嫩部分下垂，发生萎蔫。轻度和中度缺水引起暂时萎蔫；严重缺水引起永久萎蔫，植物会死亡。暂时萎蔫与永久萎蔫的区别在于原生质是否脱水。前者只是叶肉细胞临时的水分减少，减少蒸腾和通过灌溉即可恢复，而后者即使灌溉也无法恢复。不同草种的耐旱性见表2-3。

5. 草坪草的耐淹性

在某些情况下，水分过多也会对草坪造成危害，尽管水分过量对草坪造成的危害比水分亏缺对草坪造成的危害要少见得多。水分过多的原因有地表或地下排水不良、降水过多、灌溉过量、地下水位过高或者发生洪水等。水淹对草坪草的危害与其说直接由水而引起，不如说更多地由于水淹减少了土壤中的氧气而引起的。草坪草根系处在缺氧的环境中，大大降低了其生理活性，抑制了根系的生长。随着水淹时间延长，草坪草的根系会窒息死亡。同时，在地上部分受到水淹时，由于水中通常含有大量的泥沙，它们附着在草坪草的茎叶上，会极大地妨碍其光合、呼吸等生理活动。这一切，导致了草坪草活力下降、质量降低，甚至整个草坪被毁坏。公园、高尔夫球场、草坪娱乐场的低洼地，在湿润地区降水集中的季节，常常发生水淹现象。不同的草坪草种耐水淹的能力不同。水温对草坪草耐水淹时间长短影响很大。水温越高，对草坪草危害越大。不同草种的相对耐淹性见表 2 - 4。

表 2 - 3　草坪草的耐旱性

| 耐旱性 | 草坪草种 |
| --- | --- |
| 极强 | 野牛草、狗牙根、结缕草、雀稗 |
| 强 | 冰草、硬羊茅、羊茅、高羊茅、紫羊茅 |
| 中等 | 草地早熟禾、小糠草、猫尾草、加拿大早熟禾 |
| 尚可 | 多年生黑麦草、草地羊茅、钝叶草 |
| 弱 | 假俭草、地毯草、一年生黑麦草、匍匐翦股颖、普通早熟禾、绒毛翦股颖 |

## （四）土壤

在草坪生长过程中，土壤不仅供给草坪草生命活动所需的水分、养分和供根呼吸的氧气，维持着适宜的温度和热量条件，还对草坪草起着机械支撑和固定作用。此外，土壤也是可塑性最大的环境因子，人们可以通过各种措施，改善土壤的理化性质和肥力水平，使之更适应草坪草的生长。

表 2-4  草坪草的耐淹性

| 耐淹性 | 草坪草种 |
| --- | --- |
| 极强 | 野牛草、狗牙根、匍匐翦股颖 |
| 强 | 猫尾草、普通早熟禾 |
| 中 | 草地羊茅、草地早熟禾 |
| 尚可 | 冰草、一年生早熟禾、多年生黑麦草 |
| 弱 | 假俭草、紫羊茅 |

1. 土壤质地

各种土壤均是由许多粒径不同的土粒，以不同比例组成的。其各个粒级所占的百分含量称作土壤的机械组成。机械组成相似的土壤常具有类似的一些肥力特征。土壤质地是按不同机械组成所产生的特性而划分的土类。质地不同对土壤的水、肥、气、热和其他理化特性均有很大影响。

（1）沙质土  沙质土含沙粒较多，粒间孔隙较大，通气性能好，土质疏松，但水分很容易渗漏、不易保持。因此，土壤易干燥，不耐旱。为保证草坪草正常生长必须经常灌溉。

沙质土本身不但含养分较少，且吸肥、保肥能力差，施入的养分易随水流失；沙质土通气性好，好气微生物活动旺盛，养分转化快，施肥后劲不足。因此，在沙质土上建植的草坪施肥时氮肥和钾肥应少量多次或施用缓效氮肥。

（2）黏质土  黏质土含黏粒多，粒间孔隙很小，孔隙相互沟通形成曲折的毛管孔隙和无效空隙。水分进入土壤时，渗漏很慢，透水性差；且土体内排水慢，易受渍害，造成通气不良，易积累有毒还原物质。在草坪管理上，应注意排水措施以利于草坪草生长。

黏质土黏粒含量越高，阳离子交换量（CEC）越大，其吸肥能力与保肥能力越强。黏土的保水性好，蓄水量和热容量也大。在早春或遇寒流后土温不易回升，草坪草幼苗常因土温低、养分供应不足而生长缓慢。

（3）壤质土　壤质土的性质介于沙质土和黏质土之间，其中的沙粒、粉粒和黏粒比例适当，在性质上同时具有沙质土和黏质土的优点。壤质土既有一定数量的大孔隙，又有相当多的小孔隙，通气、透水性能好，保水、保肥的能力也强，土壤含水量适中，土温较稳定。

由前面讨论可以看出，土壤质地对土壤性质和肥力有着重要影响。但土壤质地并不是决定土壤肥力的惟一因素，质地上的缺点可以通过土壤改良而得到改善。通常认为，壤质土和沙质土是建植草坪较理想的土壤质地。但是当考虑建植草坪选用何种土壤质地时，最重要的还要看草坪的用途和土壤所担负的功能。对于运动场和高尔夫球场等经常强烈践踏的草坪的土壤来说，沙质土壤并结合充足的灌溉对草坪草的生长是较适宜的，而对于践踏较少的庭院草坪或观赏性草坪来讲，适宜的土壤质地则是持水性、保肥性较高的粉沙壤土或粉质黏壤土。

2. 土壤有机质

土壤有机质是土壤的重要组成部分。对调节土壤的理化性状和生物学特性，改善土壤结构，提高土壤肥力，保证草坪草的正常生长，提高草坪的质量起着十分重要的作用。

草坪土壤中表层土壤的有机质含量通常较高。草坪草衰老的根、茎、叶以及修剪过程中留在土壤表层的草屑，经过土壤微生物的分解和部分分解，在土壤表层形成的大量的植物残留积累，构成了草坪土壤的枯草层。这些植物残体的元素组成主要包括碳、氢、氧、氮、磷、钾、钙、镁、硅以及铁、硼、锰、铜、锌、钼等微量元素。待枯草层分解后不仅可以为草坪草的生长提供丰富的营养元素，而且还利于土壤形成良好的结构，改善土壤通气性和持水性以及抗板结能力。有研究表明，枯草层的覆盖，减少了水分的蒸发，使土壤墒情得到了改善。但也有报道，枯草层内微生物频繁的活动，在某些情况下会导致草坪病害的发生，给草坪草带来负面影响。

在草坪草的建植过程中，人们为了改善土壤理化性状、培肥地力、调节土壤 pH 值等，经常以有机肥料作为底肥施入土壤中，来增加土壤有机质含量。常用的有机肥有经过处理的畜禽粪、处理后的城市生活垃圾、淤泥以及其他有机质复合肥料（如腐殖酸复合肥）等。

3. 土壤有机质的作用

土壤有机质在提高土壤肥力和草坪草营养水平方面具有重要作用。主要表现在以下几个方面。

（1）草坪草营养物质的重要来源　土壤有机质中含有丰富的营养物质。有机质经过矿化作用，释放出草坪草生长所需的有效养分，来满足草坪草生长的需要。

（2）改良土壤的理化性状　腐殖质是土壤有机质的主要成分，具有良好的胶结性，可将分散的土粒胶结成团聚体，形成水稳性团粒，改善土壤结构。有机质可降低壤土的黏结力，增加沙土的黏结力，从而调节土壤水、肥、气之间的矛盾，为草坪草生长发育创造良好的条件。另一方面，腐殖质是一种有机胶体，具有巨大的吸收交换性能和缓冲能力，能够有效地调节土壤的保肥、供肥性能及土壤 pH 值，在沙性或有盐碱的土壤上种植草坪，有机质的作用不可忽视。

（3）提高土壤保水、保肥和保温能力　有机质含量高的土壤，蓄水力大、保肥力强。黏土颗粒的吸水率一般为 50%～60%，而腐殖质的吸水率为 500%～600%，是黏土的 10 倍，其保肥力也可达到黏土的 6～10 倍。有机质是一种棕色或黑褐色物质，吸热能力强，可提高土壤温度，改善土壤的热状况。

我国绝大多数地区土壤有机质含量不高，特别是用做绿化建植草坪的土壤，无论从其物理性状还是从其肥力上看都比作物耕作土壤差。因此,增加土壤有机质是提高坪床土壤肥力、改良坪床土壤结构、补充草坪草所需营养的重要途径。

4. 草坪与土壤的 pH 值

土壤 pH 值高低对草坪生长所必需的营养元素的有效性影响很大。在 pH 值为 6.0 ~ 7.0 的土壤中,多数草坪草植物生长良好。有些草坪草具有较广的适应范围,如假俭草和地毯草在 pH 值较低的土壤上生长良好,而扁穗冰草和格兰马草能耐较高的碱性,碱茅的耐碱性更高。而狗牙根在酸性的红、黄壤土上以及在沿海和内陆的盐碱土上均有生长。总之,草坪草种(品种)不同,土壤生态型不同,其适应土壤 pH 值的范围是不同的。主要草坪草最适宜的 pH 值范围见表 2 – 5。

**表 2 – 5　各种草坪草的适宜土壤 pH 值范围**

| 适宜土壤 pH 值 | 草种类型 | 适宜土壤 pH 值 | 草种类型 |
|---|---|---|---|
| 7.5 ~ 6.5 | 钝叶草 | 6.5 ~ 5.5 | 一年生早熟禾 |
| 7.0 ~ 6.0 | 巴哈雀稗 | | 高羊茅 |
| | 草地早熟禾 | | 匍匐翦股颖 |
| | 结缕草 | | 细弱翦股颖 |
| | 粗茎早熟禾 | | 紫羊茅 |
| | 多年生黑麦草 | 6.0 ~ 5.0 | 地毯草 |
| | 意大利黑麦草 | 5.5 ~ 4.5 | 假俭草 |
| | 狗牙根 | | |

## 二、草坪草的生长发育

植物的生长发育是植物体内各种生理与代谢活动的综合表现,它包括组织、器官的分化和形态的建成,营养生长向生殖生长的转变,以及个体走向成熟、衰老与死亡。生命的最初,由受精卵经过胚胎阶段形成种子,在种子离开母体后,一般要经过一个休眠时期,等到适宜的条件才开始萌发。种子的萌发过程有比较严格的环境条件要求，要有充足的水分（禾本科草坪草要求吸足种子自身重量的 30% ~50% 的水分才能萌发）、适宜的温度（一般为 20~25℃）和充足的氧气。从生理学角度来看，胚根伸出种子即可说种子已经萌发；从建植草坪的角度来看，种子的萌发要包括播种到幼苗出土的全过程，主要经历三个阶段：吸胀、萌动、发芽。大致过程为：种子吸水膨胀，含水量增加，酶活性及呼吸加强，种子中贮藏的营养（如淀粉、脂肪、蛋白质等）开始进行强烈的转化，源源不断地供给幼胚的生长，胚根首先突破种皮向下生长形成植物的根系，接着胚芽向上伸出地面形成茎叶，从异养阶段转入自养阶段，逐渐形成一个独立的幼苗。所以要取得草坪建植的成功，首先要选择整齐一致、健全饱满、生命力强的种子，其次要创造良好、适合的生长环境条件，适期播种。播种前还要精细整地，并及时灌水保证充足水分，掌握适当的播种深度及播种方法，以提供良好的萌发环境，以使种子能顺利萌发并长出壮苗。

幼苗形成后，植物进入旺盛的营养生长阶段，这个阶段植物生长量大，应注意肥、水的及时补充。草坪植物营养生长时期茂盛的枝叶才是草坪成坪的主体，所以草坪养护管理的工作重点应放在这一阶段。当营养生长进行到一定阶段后，在适宜的环境条件下，植物就会转向生殖生长而开花、结果、形成种子，进入到新的生命轮回中。

# 第二节　草坪草的主要品种

## 一、主要冷季型草坪草

### （一）羊茅属

禾本科多年生植物。羊茅属有 100 多个种，广泛分布于寒温带和热带高山地区，我国有 23 种，其中，高羊茅、紫羊茅、匍匐紫羊茅、丘氏羊茅、羊茅、草地羊茅、硬羊茅 7 个种可以作为草坪草利用。

1. 高羊茅

又名苇状羊茅、苇状狐茅。野生于欧亚大陆，我国东北、新疆地区均有分布。为利用率最高的冷季型草坪草之一。

高羊茅是多年生草本植物，疏丛型禾草。须根系发达、粗壮，入土较深。茎通常直立，无毛，坚韧而光滑，簇生；株高60~100厘米。叶片带状，或条形，多扁平，先端长渐尖，深绿色，有光泽，较粗糙，叶脉明显，边缘透明，基部红色，老叶宽而长，幼叶折叠，呈卷折式排列于叶鞘中。叶舌呈膜状，长0.4~1.2毫米，截平；叶耳小而狭窄。圆锥花序，直立或下垂，披针形到卵圆形（图2-1）。

图2-1　高羊茅绿期

冬季-15℃可以安全越冬，夏季可耐短期38℃高温，但是受低温、高温伤害后，寿命缩短，甚至成为一二年生植物。在年降水量450毫米以上、海拔1 500米以下的半干旱地区都适宜生长。低温条件下，无论干还是湿，受损害都较小；但在温暖条件下（如25℃），一旦潮湿，极易致病；高温条件下，持续干旱

10 天以上，可导致大量植株死亡。喜光，但中等耐阴。除沙土等轻质土壤外，均宜生长，适宜 pH 值为 5.0 ~ 7.5。北京地区表现为夏绿，绿期 240 ~ 280 天；南京地区表现为冬绿。

近 300 天或"两黄"。秋播时，仅周年常绿，第 2 年过夏后草坪自然稀疏，且草量随时间推移而减少，数年内消亡。

国外已进行了大量的良种繁育工作，目前已育成了为数众多的草坪型优良品种，我国现用品种基本引自国外。

2. 紫羊茅

别名红狐茅、紫狐茅、红羊茅等。广布于北半球温带、寒带，我国东北、华北、西北、华中、西南等地区均有分布，为温、寒地带型草坪草。

紫羊茅是长期多年生禾草。具横走茎。秆基部斜升或膝曲，株高 45 ~ 70 厘米，基部红色或紫色，叶大量从根际生出，叶鞘基部红棕色并破碎成纤维状，叶片光滑柔软，叶面有茸毛，对折或内卷，呈窄线形；圆锥花序狭窄，梢下垂，分枝较少（图 2 - 2）。

**图 2 - 2　紫羊茅**

紫羊茅喜凉爽湿润气候。气温 4℃，种子即可萌发；10～25℃为生长最适温度。不耐热，气温 30℃时，即出现萎蔫；38～40℃，植株枯死。耐寒，−40～−30℃下安全越冬。适应湿润、半干旱地区湿润环境生长，较耐旱。喜光，中等耐阴。沙质土壤中生长良好，耐瘠薄，适宜的 pH 值为 5.2～7.5。北京地区夏绿，越夏死亡率 30% 左右，绿期 270 天左右；南京地区冬绿，绿期 300 天左右，越夏死亡率通常超过 50%；受过高温损伤后，越夏率逐年下降变成短期多年生，甚至成为两年生禾草。

3. 匍匐紫羊茅

强匍匐性，幼叶折叠，叶舌膜状，长 0.15 毫米，形平截，无叶耳，根茎狭窄、连续，不具茸毛，叶片宽 1.5～3 毫米，近轴面有深脊状，近轴面和边缘光滑；具收缩的圆锥花序。具有较好的抗旱和耐热性，在炎热、干旱地区生长良好。匍匐紫羊茅的持久性非常好，抗寒性强，在土壤肥力较低时的表现相对较好。适应排水良好、中等遮阴和干旱、贫瘠、酸性的土壤，不耐潮湿环境和高肥力土壤。与草地早熟禾或细弱翦股颖混播，用于较凉爽的温带和副热带气候，与多年生黑麦草混播，用于亚热带气候冬天运动场和暖地带观赏草坪。修剪高度 4～5 毫米，最小施肥量 10 克/平方米纯氮。

4. 丘氏羊茅

丘氏羊茅除了无根茎以外，与匍匐紫羊茅完全相同。幼叶呈管状，叶片成龄后裂开。丘氏紫羊茅耐阴性好，也喜阳，较匍匐紫羊茅更能抵抗夏季高温胁迫。尽管无根茎，但草皮质量很好。某些品种在修剪高度 2.5 厘米、光照充足的环境条件下寿命可达 10 年以上。含内生菌的丘氏羊茅抗性增加，适应范围扩大。

**（二）早熟禾属**

早熟禾属是最主要而又使用广泛的冷季型草坪草之一，

约有 300 种，我国有近百种。为禾本科，分布于温带和寒带地区。应用于栽培的冷季型草坪草主要有 4 种，即草地早熟禾、加拿大早熟禾、粗茎早熟禾和一年生早熟禾。早熟禾属区分的最大特征为船形的叶尖和位于叶片中心叶脉两侧平行的绿色线。

**1. 草地早熟禾**

又名蓝草、肯塔基早熟禾、草原早熟禾、六月禾等，是典型的冷季型草坪草。

（1）形态特征　具细根状茎，茎秆丛生，光滑，高 50 ~ 80 厘米。叶片条形、柔软，宽 2 ~ 4 毫米；顶部为船形，中脉两侧各脉透明，边缘较粗糙；叶舌膜质，长 1 ~ 2 毫米；圆锥花序开展，长 13 ~ 20 厘米，分枝下部裸露；小穗长 4 ~ 6 毫米，含 3 ~ 5 朵小花；颖果纺锤形，具三棱，长约 2 毫米（图 2 - 3）。

（2）分布范围　广泛分布于北半球温带，美国、加拿大、俄罗斯、日本等国，并有大量栽培。近年来在我国西部及华东均有野生群落发现，主要分布于黄河流域、东北、四川和江西等地。常见于河谷、草地、林边等处。

（3）生态习性　性喜温暖湿润，适于北方种植。喜光耐阴，适于树下生长。耐寒性强，抗旱力较差，夏季炎热时节生长停滞，秋凉后生长繁茂，直至晚秋。在排水良好、土质肥沃的湿地中生长良好。

（4）栽培特点　此草可种子繁殖，成坪较快，直播 40 天即可形成新草坪。绿期长，夏秋生长茂盛，因此，在生长旺季要求勤刈剪、多施肥、多浇水。由于该草在 3 ~ 5 年后生长渐衰，适时在草坪内补播草籽是十分必要的。

（5）应用范围　草地早熟禾是北方地区应用最广泛的草坪草种之一，广泛应用于公园、公共绿地、庭院、高尔夫球场及机场等。该草通常与多年生黑麦草、紫羊茅、高羊茅、小糠草等混播。近年我国引入一些品种试种，用于城市绿化效果较好。但此草耐践踏力较差，因此多用于观赏和水土保持。

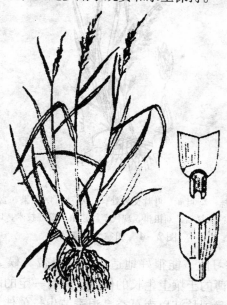

（引自：张志国. 草坪建植与管理.

济南：山东科学技术出版社，1998）

**图 2 - 3 草地早熟禾**

2. 加拿大早熟禾

又名扁秆早熟禾、扁茎早熟禾等。

（1）形态特征 为多年生禾草。茎秆扁平，呈半匍匐状，有时斜生。须根发达，茎节很短，基部叶片密集短小，叶色蓝绿，偏蓝色是它与早熟禾属其他种的明显区别。幼叶边缘内卷，成叶扁平，顶部成船形；叶舌膜质，短而钝，长 1～3 毫米；圆锥花序窄小，5 月下旬抽穗开花，7 月下旬种子成熟，结实较多，颖果纺锤形，长约1.5 毫米。（图2－4）。

（2）分布范围 原产北美洲，已广泛应用于欧洲、美国、日本等地，我国长江流域以北各地均已引种栽培。

1. 植株；2. 叶鞘、叶片交界处；3. 小穗；4. 颖果（含稃）
（引自：黄复瑞，刘祖祺. 现代草坪建植与管理技术，1999）

**图 2-4　加拿大早熟禾**

（3）生态习性　能很好地适应所有温带气候。具有在干旱地区和相当瘠薄的土壤上生长的优点。具有一定的耐阴性，略忌炎热气候，在我国长江以南夏季高温季节生长欠佳。在江南地区基本保持四季长绿。

（4）栽培特点　加拿大早熟禾采用种子繁殖。种子千粒重0.18 克，种子发芽适宜温度为 15~30℃，单播种子用量为9.7~11.2 克/平方米。春播、秋播均可，但以秋播较好：由于种子细小，播前应细致整地，播后应覆盖细土或及时镇压，喷水保湿促进出苗整齐。苗高 15 厘米时应及时修剪，使幼苗分蘖发苗。

夏季高温时应及时浇水灌溉，以免干旱、炎热使草坪发黄。此草栽植 3~4 年后，其长势衰退，可疏松土壤，切断草根，施复合肥 30~37.5 克/平方米，以促进其更新生长。

（5）应用范围　具有草层低矮密集、绿色期长、竞争力强等优点，主要用于开阔地草坪和赛马场草坪。

3. 粗茎早熟禾

又名普通早熟禾。

（1）形态特征 粗茎早熟禾具有发达的匍匐茎，地上茎秆光滑、丛生，具 2 ~ 3 节，自然生长可高达 30 ~ 60 厘米。叶鞘疏松包茎，具纵条纹，用手触摸时有粗糙感。幼叶呈折叠形，成熟的叶片为 V 形或扁平，柔软，宽 2 ~ 4 毫米，密生于基部；叶片的两面都很光滑，在中脉的两旁有两条明线；叶尖呈明显的船形。叶色淡绿，比早熟禾其他种色泽淡；叶舌膜质，长圆形，长 2 ~ 6 毫米，比草地早熟禾的叶舌长得多；无叶耳。具有开展的圆锥花序，长 13 ~ 20 厘米，分枝下部裸露，小穗长 4 ~ 6 毫米，含 3 ~ 5 朵小花。外稃基部具有稠密的白色绵毛。颖果长椭圆形，长约 1.5 毫米，种子千粒重 0.37 克。

（2）分布范围 为北半球广泛分布的一种草。我国北方地区有栽培。

（3）生态习性 粗茎早熟禾耐阴性非常好，喜温暖湿润的环境，同时具有很强的耐寒能力，抗旱性差，在阳光充足的夏季很快就会变成褐色，春秋季节生长繁茂。在潮湿肥沃的土壤中生长良好。根茎繁殖力强，再生性好，较耐践踏。在北京地区 3 月中下旬返青，11 月下旬枯黄；在西北地区 3 ~ 4 月份返青，11 月上旬枯黄。

（4）栽培特点 通常用种子直播的方法建坪。该方法成坪快，一般直播 40 天后即可形成令人满意的草坪。播种量为 6 ~ 10 克/平方米，一般推荐使用 7 克/平方米。该品种绿期较长，春秋两季生长较快，夏季阳光充足时会变成褐色。在生长旺季应注意修剪，并施肥、浇水。如果管理不善或由于不良的环境影响，粗茎早熟禾在生长 3 ~ 4 年后会逐渐衰退，出现成片的枯黄甚至秃斑。因此，在管理水平较低或环境条件不良的情况下，补播草籽是管理中十分重要的工作，最好 3 ~ 4 年补播草籽 1 次。另外也可用切断根茎和穿刺土壤的方法对草坪进行更新，以避免草坪过早衰退。

（5）应用范围　粗茎早熟禾质地细软，颜色光亮鲜绿，绿期长，具有较好的耐践踏性，广泛用于家庭及公园、医院、学校等公共绿地观赏性草坪以及高尔夫球场、运动场草坪，还可应用于堤坝护坡等设施草坪。

4. 一年生早熟禾

又名小鸡草。

（1）形态特征　一年生或越年生低矮植物。茎秆细弱，丛生，高 8~30 厘米。叶鞘自中部以下闭合，叶舌钝圆，长 1~2 毫米；叶片柔软，宽 1~5 毫米，先端呈小船形。圆锥花序开展，长 2~7 厘米，分枝每节 1~2（3）枚，小穗长 3~6 毫米，含 3~6 朵花，小穗绿色。5~6 月份种子成熟后即脱落，母株死亡（图 2-5）。

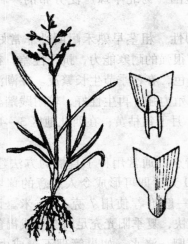

（引自：张志国. 草坪建植与管理.
济南：山东科学技术出版社，1998）

图 2-5　一年生早熟禾

（2）分布范围 为北半球广泛分布的一种草，我国大多数省区、亚洲其他国家和欧洲、美洲的一些国家均有分布。多见于草地、路边和阴湿处。该草常被当作草坪杂草，很少与其他草种混播。

（3）生态习性 耐寒，能在较低温度下正常生长，是早春现绿较早的草坪草种，耐阴性强，能在强遮阴下正常生长，因此，也是较耐阴的草坪草种。该草喜冷凉湿润气候，不耐旱，对土壤适应性强，耐瘠薄，在一般土壤中均能良好生长。一年生早熟禾虽为一年生草种，但其种子小，成熟后即自行脱落，自播力极强，若管理得当，能很好地自然更新，使草坪保持经久不衰。

（4）栽培特点 一般为种子繁殖。播前将地浇透水，待地表半干时，翻耕平整，将种子与细沙（或细土）混合撒播，用细耙轻耙后，再用木板稍加拍打。播后经常保持湿润，以利种子发芽。通常播后 20～25 天出苗，此时应注意除杂草。春秋季每10 天浇 1 次水。播后 60～70 天可形成草坪。该草密度大，长势好，纤细柔软，在较粗放的管理下，亦可形成质感较佳的草坪。此草不耐旱，盛夏气候干燥时易枯黄，因此，不宜与其他草种混播建坪。

（5）应用范围 该草株体低矮，整齐美观，绿期长，耐阴，因此宜用于光照条件较差处的林下、花坛内、行道树下、建筑物阴面等作观赏草坪。在江南亦可与其他草种混播，以延长草坪的绿期。

**（三）黑麦草属**

禾本科黑麦草属，约 10 种，分布于欧亚大陆高温带，我国引种有数种。可作为草坪草的有多年生黑麦草和多花黑麦草。

1. 多年生黑麦草

又名黑麦草、宿根黑麦草。

（1）形态特征 具短根状茎，茎直立，<u>丛生</u>，高 70～100厘米。叶片窄长，富弹性，呈深绿色，具光泽。叶脉明显，幼叶折叠于芽中。穗状花序，稍弯曲，最长可达 30 厘米。小穗扁平无柄，含花 3~10 朵，互生于主轴两侧。种子扁平，呈土黄色，长 4~6 毫米，夏季开花结实（图 2-6）。

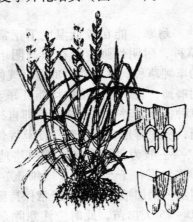

（引自：张志国. 草坪建植与管理.
济南：山东科学技术出版社，1998）

**图 2-6　多年生黑麦草**

（2）分布范围　原产南欧、北非、亚洲西南部，是欧洲、新西兰、澳大利亚、北美的优良牧草，从英国引入我国华东、华南、西南和华北中南部，表现良好，现我国南北各地广泛引种栽培。

（3）生态习性　喜温暖湿润气候，耐寒，-10℃时能保持良好的绿色，抗霜，不耐热，春秋季生长较快，冬季生长缓慢，在北方地区入冬后生长停滞，盛夏进入休眠。气温 10℃时生长较好，27℃时生长最为适宜，36℃以上生长欠佳。土温 15℃时分蘖最旺。该草为长日照植物，喜光，不耐阴。生长周期一般为4~6年。较耐践踏和修剪，再生性好。

（4）栽培特点　采用种子繁殖，种子千粒重为 1.98 克，种子发芽最适温度为 20~25℃，单播种子用量为 15~24 克/平方米，春、秋季均可播种，以秋播较好。分蘖多，生长力强，在养护管理中要搞好修剪。应加强春、秋季修剪次数，3 月中旬至 5 月下旬每月修剪 3 次，6～8 月份修剪 1～2 次，秋季修剪与春季相同，每次修剪后，应增施尿素 15 克/平方米左右，以促进其良好生长。

（5）应用范围　冬季绿色好，分蘖力强，早春生长比一般草坪植物早。多用于与其他冷季型草坪草种（如草地早熟禾）混合铺建高尔夫球场及其他草坪，也用作狗牙根等暖季型草坪草的覆播材料，使草坪冬季保持绿色。该草能抗二氧化硫等有害气体，可用作厂矿建设环保草坪。

2. 多花黑麦草

又名意大利黑麦草、一年生黑麦草。

（1）形态特征　一年生草坪草。茎秆丛生，生长快，分蘖力强。秆高 50～70 厘米，叶片宽 3～5 毫米，叶色浓绿，窄细，扁穗状花序，小穗以背面对向穗轴；含 10～15 小花，多花黑麦草之名由此而来。第一颖退化，外稃质地较薄，顶端膜质，有长为 5 毫米的芒（图 2－7）。

（2）分布范围　欧洲南部、非洲北部及小亚细亚等地。我国引种作牧草和草坪。

（3）生态习性　多为两年生，生长快，但生长期短，分蘖力强，再生性能好。能抗寒，但易受霜害，适于长江流域种植，喜壤土及沙壤土，也适于黏质土壤，但以肥沃湿润而深厚的土壤生长最好。

（4）栽培特点　春播或秋播均可，但以秋播为好，播种量为 255～300 克/平方米。播种后可很快形成草坪。南方多混播于爬根草坪中。

（5）应用范围　可用于密丛型草坪。叶窄细，色浓绿，叶背光滑而有光泽，质地柔软，被覆盖地面良好，杂草不易侵入。

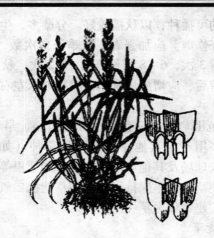

（引自：孙晓刚．草坪建植与养护．
北京：中国农业出版社，2003）

**图 2－7　多花黑麦草**

### （四）冰草属

本属用于草坪的主要有蓝茎冰草和扁穗冰草。

1. 蓝茎冰草（*Agropyron smithii* Ryolb.）

别名为西方冰草，英文名 Western wheatgrass。蓝茎冰草是原产北美冰草中唯一的八倍体草种，是种间杂交产物。

蓝茎冰草为多年生禾本科草本植物。须根系，发达的根系能形成稀疏但整齐的草坪。茎秆圆形，直立而光滑，有匍匐茎。叶片扁平，坚硬，正面叶脉明显，中脉不明显，上面粗糙，或有短毛，背面光滑，蓝绿色，顶端渐尖。叶上面有明显的粗糙丛向叶脉，干旱时，叶紧紧卷起，呈线状。叶鞘圆形，有透明边缘；叶舌膜质，截平，边缘有短纤毛；叶耳狭窄，呈爪状。扁平的穗状花序。形成的草坪为蓝绿色。

适于寒冷半潮湿、半干旱和过渡地带生长，尤其适应温暖潮湿的气候，能形成紧密草皮的强壮的根茎，能抗长期干旱，耐低温，春季返青快。蓝茎冰草对土壤有着广泛的适应性，耐盐碱，耐水淹，在涝洼地、浅湖床或经常遭水淹的地方生长良好。抗病虫能力强。

2. 扁穗冰草

原产寒冷、干旱的平原地区。我国东北、西北、内蒙古及青海等地均有分布。多年生旱生植物，耐碱性很强，适应于栗钙土上生长。须根，外具沙套。秆丛生、直立。叶长 5～10 厘米，宽 2～5 毫米。叶耳短而光，尖短。穗状花序，小穗无柄，着生在茎轴两侧，排列紧密，整齐，呈羽状。顶生小穗不孕或退化。典型的旱生植物。喜干燥、寒冷气候，能在半沙漠地带生长。常用于寒冷、半湿润及半干旱地区路旁草坪的建植。在无灌溉条件的地方，也用作运动场、高尔夫球场球道及障碍区草坪的建植。

**二、主要暖季型草坪草**

**（一）狗牙根属**

狗牙根属是禾本科多年生草本植物，是最具代表性的暖季型草坪草，大约有 10 种，原产于非洲，广泛分布于欧洲、亚洲的亚热带和热带地区。我国产有 2 种和 1 个变种。狗牙根属用作草坪草的一般是普通狗牙根和杂交狗牙根。狗牙根属比结缕草和野牛草怕冻，在过渡地带的中部和南部可以生长，在过渡地带的北部则容易发生冬季冻害。

1. 普通狗牙根

又名百慕大草、绊根草、爬根草。

（1）形态特征 多年生草本，具有根状茎和细长的匍匐茎，茎秆细而坚韧，节间长短不一，匍匐茎可长达 1 米，并于节上产生不定根和分枝，故又名"爬根草"；叶扁平线条形，长 2～5 厘米，宽 1.5～4 毫米，先端渐尖，两面光滑或有毛，边缘有细齿，叶色浓绿。叶舌短小，纤毛状。种子成熟后易脱落，具有一定的自生能力（图 2-8）。

（2）分布范围 原产于非洲，广布于热带、亚热带和温带地区。我国黄河流域以南各地均有野生种，新疆的伊犁、喀什、和田亦有野生种。

**图2－8　普通狗牙根**

（3）生态习性　在世界范围内适合于温暖潮湿和温暖半干旱地区，极耐热和抗旱，但抗寒性差，也不耐阴。在我国新疆乌鲁木齐市有栽培，在有积雪的情况下能越冬。因根系浅，具少量须根，所以遇干旱情况容易出现匍匐茎尖成片枯萎。耐践踏，喜在排水良好的肥沃土壤中生长，在轻度盐碱地上也生长较快，且侵占力强，在适宜的条件下常侵入其他草坪地生长。在我国华南用该草建成的草坪全年绿期270天，华东、华中245天，成都250天左右。在新疆乌鲁木齐市秋季枯黄较早，绿期170天左右。

（4）栽培特点　再生能力强，耐低修剪，修剪高度为1.5～3厘米。需要中等偏高的养护水平。由于生长快，易形成芜枝层，因此需要较频繁的垂直修剪，该措施也可提高狗牙根的低温保绿性。因种子不易采收，主要通过营养繁殖来建坪。目前多采用分根繁殖，一般在春夏季进行，栽植后保持土壤湿润，20天左右即能长出匍匐茎。由于根系较浅，夏季干旱时应注意经常浇水。冬季草根部应增施薄肥覆盖，夏秋季应施氮肥或磷肥。

（5）应用范围　普通狗牙根应用最广，比较适于用作高尔夫球场的高草区、庭院草坪、设施草坪和水土保持草坪。对中度施肥、频繁修剪和水分供应反应良好，在粗放管理条件下，表现也较好。一般采用单播，但由于种子不易采收，多用营养繁殖。因耐践踏，再生能力强，适宜建植运动场草坪，在因比赛践踏的草坪，如能在当晚立即灌水，1~2天后即可恢复；若及时增施氮肥，即可很快投入使用。我国华北、西北、西南及长江中下游等地广泛用该草建植草坪，或与其他暖季型草坪草及冷季型草坪草如高羊茅等混合铺设球场。此外，秋季在其草坪中可补播冷季型草坪草如黑麦草、紫羊茅等，缓和因冬季休眠而造成的褪色。

普通狗牙根因其质地粗糙，一般不用作高质量草坪。

2. 杂交狗牙根

又名天堂草，是近年来人工培育的杂交草种，由普通狗牙根与非洲狗牙根种间杂交选育而成，是美国杂交狗牙根梯弗顿系列的简称。天堂草名源于该系列的育种地，位于美国佐治亚州Tifton镇的美国农业部的海岸平原实验站。在过去的几十年中，杂交狗牙根育种工作取得了很多的进展，得到了一批用于高尔夫球场中的高质量、细质地的狗牙根新品种，如Champion、Flora Dwarf、Midiron、Midlawn、Midfield、Tiffina、Tifgreen、Tifdwarf Tifeagle、Tiflawn和Tifway。现在，常被称为"超低型"品种的是指用于高尔夫果岭上修剪很低（3~3.5毫米）的一些品种，包括Champion、Flora Dwarf、Minilerde、Tifeagle。

杂交狗牙根为多年生草本，叶宽由普通狗牙根的中等质地到非洲狗牙根的很细的质地不等，颜色由浅绿色到深绿色。此外，该草还具有根茎发达、叶丛密集、低矮、茎略短等优点，匍匐生，可以形成致密的草皮。耐寒性弱，冬季易褪色。耐频繁的低修剪，有些品种可耐 6 毫米的低修剪。耐践踏，易于修复。在适宜的气候和栽培条件下，能形成致密、整齐、密度大、侵占性强的优质草坪。我国长江流域以南地区绿色期为 280 天，华南地区略长一些。杂交狗牙根没有商品种子出售，一般用营养繁殖，国外可直接向草种供应商购买商品化种茎。国内多采用将草皮切碎后撒放坪面，覆土压实后浇水，保持湿润来进行建坪。由于此草匍匐茎生长力极强，因此繁殖系数较高；极易扩大推广。一般形成的草坪均需精心养护，方能保持其平整美观。尤其夏秋生长旺盛期，必须定期勤剪，高度为 1.3~2.5 厘米，则有利于控制匍匐茎向外延伸。由于修剪次数的增加，应及时增施氮肥和补充所需水分。

杂交狗牙根不仅具有一定的耐寒性，病虫害少，而且能耐一定的干旱，十分适合在我国华中地区生长。常用在高尔夫球场果岭、球道、发球台等以及足球场、草地网球等体育场。

### （二）移假俭草属

禾本科多年生植物，含 10 个种，目前仅假俭草用于草坪建植，主要分布于热带和亚热带。

假俭草，别名苏州草、百脚草、蜈蚣草、爬根草、大爬根草、扒根草、中国草坪草等。分布于我国苏、浙、皖、鄂、台、粤、桂、川、黔、赣、琼等地区。主要生长在比较潮湿的山坡、路旁、草地。现已为世界各地引种。

假俭草属多年生草本植物。植丛低矮，高仅 10~15 厘米，具有贴地生长的匍匐茎，形似爬行的蜈蚣，故又称"蜈蚣草"。秆自基部直立，常基生，压扁状。叶片线形偏平，基部有疏毛，先端略钝。总状花序，顶生（图 2-9）。

喜热，较耐寒。温度降至 10℃，叶色由绿逐渐染红而成特殊的紫绿色，-15℃下可保证越冬器官安全越冬。喜湿，但相对怕旱。喜阳，耐阴。湿润、疏松的沙质土壤生长发育良好；贫瘠粗质的土壤也能生长，但需肥水补充，故名"假俭"。耐盐性较差。喜酸性土壤。热带地区常绿；亚热带地区夏绿，并随纬度的升高绿期缩短，上海绿期为 250～260 天，南京绿期为 230～250 天，连云港为 200 天或略短。

**图 2－9 假俭草**

该草叶片肥壮，质地坚韧，生长迅速，再生能力强，耐践踏，耐修剪，又耐粗放管理，具有很强的抵抗和吸附灰尘的能力。

假俭草既可以种子繁殖又可以营养器官繁殖。采种后，次年春季播种，发芽率较高。适宜发芽温度为 20～35℃，单播种子用量为 16～18 克/平方米。条播行距 20～30 厘米，播后覆土 0.5～1.0 厘米，保持土壤湿润，10～16 天出苗，60 天左右成坪。营养繁殖可采用散铺草皮块、匍匐茎扦插、匍匐茎撒播等方法。1 平方米种草可扩繁 6～8 平方米。草坪播后加强管理，40 天左右可建成新草坪或草圃。该草平整均一，作为园林游憩草坪，可免修剪或少修剪；如作运动场草坪每年可修剪 10～15 次，即 4 月份 1 次，5 - 8 月每 10 ~ 15 天修剪 1 次，9 月份修剪 2 次，勤剪时平整美观，并使草坪产生良好的弹性。

假俭草是我国南方的优良草坪草种。可用于建植各类运动场草坪、园林游憩草坪、观赏草坪、飞机场草坪、水土保持草坪、厂矿抗 $SO_2$ 和灰尘污染草坪等。

**（三）结缕草属**

结缕草属草坪草是禾本科多年生草本植物，是当前广泛应用的暖季型草坪草之一，有 50 多种，分布于非洲、大洋洲、亚洲的热带和亚热带地区。在我国作为草坪草应用的主要有 7 种，即日本结缕草、中华结缕草、长穗结缕草、高丽结缕草、沟叶结缕草、细叶结缕草和大叶结缕草。其中最常使用的是日本结缕草、沟叶结缕草、中华结缕草和大穗结缕草等。

1. 结缕草

又名日本结缕草、老虎皮草、锥子草、崂山草、延地青。

（1）形态特征　植株低矮，秆高 15 ~ 25 厘米，地上匍匐茎发达，地下具有细长而尖硬的横生走茎，茎上常着生锥芽，茎节上产生不定根。须根发达，大部分分布于 30 ~ 40 厘米深的土壤中，最深可达 140 厘米。叶丛生，披针形，厚硬而近革质，常具柔毛，长 10 ~ 15 厘米，宽 4 ~ 6 毫米，具较高的弹性和韧性，叶舌不明显；总状花序穗状，长 2 ~ 4 厘米，宽 3 ~ 5 毫米。种子细小，成熟后易脱落，外层附有蜡质保护物，不易发芽，播种前需进行处理以提高发芽率（图 2 - 10）。

（2）分布范围　原产于亚洲东南部，主要分布于朝鲜和日本的暖冬地带，北美有引种栽培。我国辽宁、河北、山东、山西、陕西、甘肃、江苏、浙江、海南等广大地区均有野生种，其中以胶东半岛、辽东半岛分布较多。

（3）生态习性　结缕草喜光，不耐阴。光照强度在 10 万勒左右生长良好，叶色深绿发亮，草层密集均匀，光照强度低于5 000 勒时就自然淘汰。喜温暖湿润的气候条件。最适于无霜期

180~250 天的温带、暖温带的地方生长。抗寒性在暖季型草坪草中表现得较突出，生长期可忍受 −2~1℃ 的低温仍保持绿色，−20℃ 可安全越冬，入冬后草根在 −30~−20℃ 生长旺盛，40.9℃ 能顺利越夏。秋季高温而干燥，可提早枯萎，使绿期缩短。但不能在夏季太短或冬季太冷的地方生存。对土壤要求不严，但喜深厚、肥沃、排水良好的沙质土壤。在 pH 值为 5.5~7.5 时生长正常。在含盐达到 0.5%~0.6%、地下水矿化度为 10~20 的海滩能形成良好的地毯状覆盖层。适生于降水量 500~1 000 毫米的地区，耐湿，也有很强的抗旱性。能自然形成密集坚实的草坪。抗杂草能力强，一旦形成草坪，杂草极难入侵。尚未发现病虫害严重危害的现象。

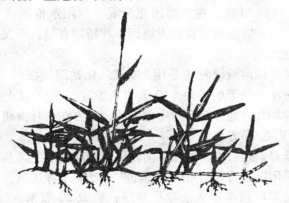

（引自：孙吉熊等．草坪学．北京：中国农业出版社，2004）

**图 2 − 10　结缕草**

　　结缕草易于形成单一连片、平整美观的草坪，由于根茎发达，叶片粗糙而坚硬，故耐磨、耐践踏。但不耐阴，匍匐茎生长较缓慢，蔓延能力较一般草坪差。因此，草坪一旦出现秃斑，则恢复较慢。

　　（4）栽培特点　种子和营养繁殖均可。

　　①种子繁殖（建植）：由于种子具有休眠性并硬实，播前需

进行处理，其方法可用湿沙层积催芽和 5% 氢氧化钠溶液浸种。具体做法为：湿沙层积法是将所需播种的种子装入纱布袋内，投入冷水缸中浸泡 48～72 小时，每隔 24 小时换一次水。浸后用 2 倍于种子量的沙拌匀，沙子湿度保持在 70%。取 40 厘米口径的花盆，先在盆底铺上 8 厘米厚的河沙，再将混沙种子装入盆内摊平，然后在上面再铺上 8 厘米厚沙，随即移到室外用草帘覆盖。5 天后，将处理的种子移到室内，在日均温 24℃、湿度 70% 以下，每天翻拌 3～4 次。通常经 12～30 天后，均可出芽。然后用条播法播种，覆沙厚 0.3 厘米。近年来采用水播育苗进行繁殖，每铺设 1 平方米草坪用具有透性的日本结缕草草籽 10 克、水 20 千克、纤维材料 100 克、甲基维生素 0.5 克、绿色或蓝色染料 0.5 克、鸟粪 30 克，在容器内充分混合后用水枪喷洒于草坪建植场地。这种方法对建设切方坡面草坪特别有效，不仅美观，而且能快速形成草坪。

氢氧化钠溶液浸种法是用 5% 氢氧化钠溶液浸种 24 天，再用清水洗净，晒干后播种，10 天以上发芽，20 天以上出齐。结缕草播种期北方地区在 5 月中旬前后，南方在 6 月雨期进行。播种量 6～9 克/平方米。

②营养繁殖：由于我国目前尚无结缕草种子生产基地，当前主要是采用以下营养繁殖来进行草皮生产和草坪建植。

一是采用满铺草皮法建植草坪：铲取 20 厘米 × 20 厘米 × （3～5）厘米的草皮块，按 2～3 厘米的间距铺设于准备好的场地上，间缝中填入肥土，灌水压实，加强管理，可在短期内建成新的草坪。

二是散铺草皮法建设新的草坪或生产草皮。铲取草皮，切成 5 厘米 ×5 厘米、8 厘米 ×8 厘米等不同规格的小草皮块，然后按总面积的 1/4、1/6 或 1/10 等用量计算好株距、行距，将小草皮铺设于准备好的待建草坪或生产圃地中，加土填坪，喷水压实，加强管理即可建成新的草坪或生产出新的草皮。

三是切取营养节段撒播建设新的草坪或生产草皮。每年4~8月份，采取匍匐茎或根茎，洗去泥土，切成含2~3个节的节段，按100克/平方米茎段的用量均匀撒播于准备好的坪床上，盖1厘米厚的细肥土，洒水压实，经常保持土壤湿润，加强管理，50~60天即可建成新的草坪或生产出新的草皮。

结缕草茎叶密集，杂草难以入侵，夏季生长旺盛，养护管理主要是修剪、适当施肥、及时防治病虫害，具体措施如下：

①生长旺盛，应定期修剪：自5月份开始，结缕草返青后，视生长旺盛情况，可30天左右修剪一次，留茬高度2~3厘米，入秋后湿润地区可修剪一次，能延长绿期7~10天。于冷地区应避免修剪，以便结缕草积累养分，安全越冬。

②施肥、打孔、覆土、滚压：一般在生长季进行，以提高草坪抗旱、抗病能力，增强其耐磨性能。

③防治病虫害：在高温、高湿季节，结缕草容易发生锈病、雪腐病、丝核菌和仙环菌，可喷洒等量波尔多液预防。锈病发生后可用28%石硫合剂加水120~170倍喷洒，效果良好。在发病地段，可提前半个月喷洒400~600倍多菌灵稀释液。为防止蚯蚓拱地和蜗牛为害茎叶，在为害活动期内，可喷洒生物农药"青虫菌"或喷1 000~2 000倍敌百虫稀释液防治。

（5）应用范围 结缕草草姿低矮、根系发达、地上部蔓延能力强、具有广泛的适应性及抗性，在我国草坪草种中栽培面积居第三位。适宜于建植多种草坪。是建植运动场和田径场的骨干草种。在适宜的土壤和气候条件下，可形成致密、整齐的优质草坪。广泛应用于温暖潮湿和过渡地带，在园林、庭院和高尔夫球场、机场、运动场和水土保持地广为应用，是较理想的运动草坪草和较好的固土护坡植物。

2. 沟叶结缕草

又名马尼拉结缕草、马尼拉草。

（1）形态特征 具匍匐茎，须根细弱。叶舌短而不明显，顶端撕裂，为短柔毛状；直立茎高 12~20 厘米，基部节间短，每个节上有一个至数个分枝；叶片质硬，内卷，正面有沟，无毛，长可达 3~4 厘米，宽 1~2 毫米，顶端尖锐；总状花序线性，长 3 厘米，黄褐色或紫色（图 2-11）。

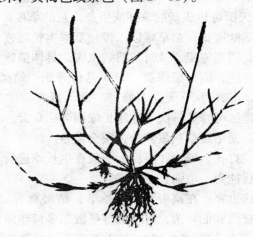

（引自：边秀举等．草坪学基础．北京：
中国建筑工业出版社，2005）

**图 2-11 沟叶结缕草**

（2）分布范围 产于我国台湾、广东、海南等地，广泛分布于亚洲和澳洲的热带、亚热带地区，日本、印度等国应用较多，我国长江流域各省部分地区正逐渐推广应用。

（3）生态习性 喜光，不耐阴，在阳光充足环境下分枝多；叶窄而密，可形成良好的地毯状草坪。光照不足时分枝少，叶稀而宽，草层生长不均匀。光照强度低于 5 000 勒克斯时自然淘汰。强光而干热条件下，叶色灰暗，降低草坪观赏价值。

耐热，耐寒性介于结缕草和细叶结缕草之间，沟叶结缕草适生于北纬 19°~25°的热带和亚热带地方，可种植的北界比细叶结缕草更靠北，可适用于山东、天津等地。气温低于 10℃时生长停滞或进入休眠,低于0℃时茎叶受冻害,低于 - 5℃时不能越冬。3~8月份生长旺盛,36℃以上能正常生长。

土壤潮湿和空气湿润十分有利于沟叶结缕草的生长。喜生于降水量800~1 000毫米的地域,降水量低于500毫米或高于1 000毫米的地方生长不良。

与细叶结缕草相比,沟叶结缕草具有较强的抗病性、叶片弹性、耐频繁低修剪;品质好,耐践踏,在频繁践踏时能自然形成低矮致密的草毯,过度踏压会出现秃斑或死亡。

(4)栽培特点 沟叶结缕草既可种子繁殖又可营养繁殖。种子繁殖时要求圃地或坪地整地要做到平整、土碎、施足基肥。春、秋季可播种。通常采用条播,单播种子用量为8~12克/平方米,播前用5%氢氧化钠溶液处理种子。种子发芽最适温度为20~35℃,播后应加强管理,保持土壤湿润。

建植草坪可用草块满铺法或草块散铺法。生产草皮可用草块散铺法和茎段散播法,散铺和散播茎段生产草皮在8月份前均可进行。播后应经常保持圃地湿润,勤施薄肥,当年就能生产出合格的草皮。

土壤瘠薄地带的沟叶结缕草草坪每年应追施复合肥2~3次,用量为225~300千克/公顷可促进草坪生长旺盛和色泽鲜绿。

作观赏草坪在施肥适当时可不修剪或少修剪。作运动草坪时应每隔15~20天修剪一次留茬高度为3~4厘米。

(5)应用范围 沟叶结缕草适应性广、抗性强,耐低修剪,弹性和耐践踏性好,生长低矮,叶色深绿,质地比结缕草细,因而得到广泛应用,可用于专用绿地、庭院草坪、运动场和高尔夫球场,也可用于护坡,防治水土流失。

**(四)雀稗属**

共有300多种,其中应用于草坪的有百喜草、双穗雀稗、两耳草3种。

## 1. 百喜草

又名巴哈雀稗。属禾本科雀稗属多年生草本植物，为暖季型草种。百喜草叶片基生，平展或折叠，边缘具有短柔毛，叶片扁平且宽，茎秆粗壮。根系发达，种植当年根深可达 1.3 米以上，并且具有强劲粗壮的短匍匐茎（图 2-12），是世界著名的多用

图 2-12　百喜草

型水土保持草种。百喜草具有适应性广，抗逆性强，生长迅速，能耐一定程度的高温和干旱，耐修剪、耐践踏、较耐阴、抗微霜等特点，该草性喜温暖湿润的气候，在年降水量超过 1 000 毫米的地区长势最好，在稀土矿尾沙地或风沙化土地上，种植第二年单株产生的匍匐茎分蘖多达 30 多个，能形成致密的草皮，有效限制其他杂草的侵入。由于百喜草匍匐茎紧贴地表，根系深，穿透力强，对土壤有一定的固着力，所形成的草皮能有效拦截雨水并使其下渗入土，使得土壤的含水量增加，因而具有较强的防止土壤冲刷和固土护坡的能力，尤其在缓坡地上表现出相当好的水土保持效果。此外，百喜草比狗牙根对土壤的适应性要广，在干

旱贫瘠、土壤 pH 值为 4.6 ~ 6.0 的酸性红壤土、黄壤土上都能生长良好。耐水淹性强，抗旱。在肥力相对较低的干燥土壤和沙质较多的土壤上，其生长能力比其他多数禾本科植物都强。百喜草抗病虫害能力尤其强，最适合在贫瘠土壤中栽植。

百喜草类型繁多，主要栽培品系有 Pensacola、Argentine、Tampa、Wilmington、Tifton – 7、Tifton – 9、Wallace、Parayuay 等。通常，人们还根据叶的宽度将百喜草分为两类：其中把叶宽小于 0.65 厘米的称为窄叶种，大于 0.65 厘米者称为宽叶种。我国引进的百喜草品种多为窄叶型的 Pensacola，窄叶种的耐寒、耐阴性强于宽叶种。

百喜草强大的固土能力以及耐贫瘠的特性使得百喜草成为在南方广泛用于水土保持的草种之一。除此之外，百喜草还可以用作草坪、牧草、生态恢复等。百喜草的种子为卵圆形，有密封的蜡质颖苞，播种时要划破种皮。播种量 10 ~ 15 克/平方米。另外，要特别注意百喜草发芽的适温为 20 ~ 35℃。一定要在适宜的温度下播种，低温下播种百喜草不萌芽。

2. 双穗雀稗

别名水扒根、水爬根等。分布于两半球热带，我国产地在华南、云南和长江中下游地区。习见于路边、水边、湿地，形成茂盛的单种自然群落。

禾本科雀稗属多年生草本。有根茎，株高 20 ~ 60 厘米。茎秆粗壮，直立可斜生，下部茎节匍地易生根，节上常有毛。叶片线状，扁平；叶鞘边缘常有纤毛。叶舌长 1 ~ 1.5 毫米。总状花序，生于秆顶，小穗两边排列，椭圆形（图 2 – 13）。

3. 两耳草

别名水竹节草、叉仔草等，分布于两半球热带，我国产地在华南，习见于路边、水边、湿地，极易形成茂盛的单种群落。

以上两者形态相似，但两耳草卵圆形的小穗边缘具丝状毛，双穗雀稗椭圆形的小穗边缘不具丝状长柔毛，极易区别

（图 2 - 14）。

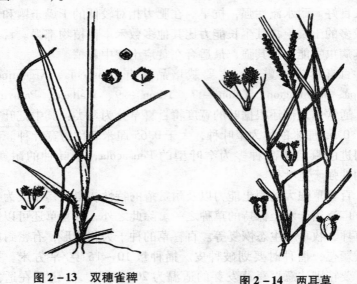

图 2 - 13　双穗雀稗　　　　　　　图 2 - 14　两耳草

4. 海滨雀稗

海滨雀稗最早在澳大利亚作为草坪草应用，它适于热带和亚热带气候，南非、澳大利亚的海滨和美国从得克萨斯州至佛罗里达州的沿海都有野生。

海滨雀稗具有匍匐茎和根茎。经过修剪留茬高度为 4.5 厘米或更低时，可以提供非常稠密的优质草坪，其深绿的颜色可与早熟禾媲美。它的突出特点是具有很强的抗盐性，甚至可以用海水进行灌溉。生长于盐湖周围，不同品种适应的土壤 pH 值为 3.6 ~ 10.2。耐旱性强于大多数暖季型草坪草；同时耐水淹，耐阴湿，耐贫瘠的土壤。抗病虫害，但在高养护过程中也需要利用化学制剂、除草灭虫防病等管理措施。不耐遮阴，抗寒性比狗牙根差。

可种植在海滨的沙丘地区，用作水土保持。近年来培育出的海滨雀稗的新品种具有耐低修剪的特性，修剪高度可达 3 ~ 5 毫米。可以用于高尔夫球场的球道、发球台和果岭。

**（五）地毯草属**

为禾本科植物，约有 114 种，大都产于美洲。我国有 2 种，普通地毯草、热带地毯草。

本书主要介绍热带地毯草，又名大叶油草。

**1. 形态特征**

多年生草本，植株低矮，具长匍匐茎。因其匍匐枝蔓延迅速，每节上都抽枝和生出新植株，植株平铺地面呈毯状，故称地毯草。秆扁平，节上密生灰白色柔毛，高 8 ~ 30 厘米；叶片柔软，宽短线性，长 4 ~ 6 厘米，宽 8 毫米左右，翠绿色。穗状花序，长 4 ~ 6 厘米，较纤细，2 ~ 3 枚近指状排列于枝顶。小穗长 2 ~ 2.5 毫米，排列三角形穗轴的一侧，秋季开花、结实。种子长卵形（图 2 – 15）。

**图 2 – 15　热带地毯草**

**2. 分布范围**

原产南美洲，世界各热带、亚热带地区有引种栽培。分布于巴西、阿根廷、中南美各国。我国早期从美洲引入，在台湾、广东、广西、云南等省区有分布。常生于荒野、路旁较潮湿处。

## 3. 生态习性

为典型的热带、亚热带暖季型草坪草。耐寒性较差，气温在20~25℃时生长旺盛，36℃以上能正常生长，无夏枯现象。10℃以下停止生长，低于0℃出现黄梢，-3~-2℃地上部分枯黄，低于-15℃时不能安全越冬，但春季返青早且速度快。喜光，光线越充足，生长越旺盛，但又有较强的耐阴性，在海南省，地毯草可在椰林、橡胶林地上正常生长。对土壤要求不严，适宜在潮湿、沙质或低肥沙壤土上生长，但在水淹条件下生长不好。再生力强，耐践踏。不耐盐，抗旱性比大多数暖地型草坪差。夏季干旱无雨时，叶尖易干枯。由于匍匐枝蔓延迅速，每节均能产生不定根和分蘖新枝，因此侵占力极强，容易形成稠密平坦的草层。

## 4. 栽培特点

既可进行种子繁殖，也可进行营养繁殖。播种繁殖在3~6月份均可进行，种子发芽适温为20~35℃，单播用种量为6~11克/平方米。播种时应整好地，施足基肥，条播、撒播均可，播后覆土1厘米左右，保持土壤湿润，10~15天可出苗，50~60天可形成新草坪。营养繁殖可采用草皮块散铺、分株栽植、匍匐茎扦插、匍匐茎撒播等，5~7月份均可进行。条植行距15厘米，经70~75天，盖度可达100%。较耐粗放管理，草层低，修剪次数少，修剪高度为5厘米左右。

## 5. 应用范围

是我国华南地区主要的暖季型草坪草之一。该草生长快，草姿美，可形成粗糙、致密、低矮、淡绿色的草坪，可用于热带地区的庭院、公园和体育场草坪。由于其耐酸性和瘠薄的土壤，为优良的护坡固土植物。

# 第三章　草坪的建植

## 第一节　草坪规划与设计

　　要建成高质量的草坪，必须在开始建设之前认真做好草坪的规划与设计。特别是大型草坪建设项目，还必须把规划和设计落实到建设计划中去，使草坪建设按计划顺利进行，确保草坪建设工作的质量，也才能保证最终建成符合利用要求的高质量草坪。

　　本节讨论的是草坪规划和设计的共通性问题，至于不同类型的草坪将结合专用草坪的特点，进一步做更为具体的规划与设计。

### 一、草坪规划

　　草坪规划的任务在于根据建坪目的和利用要求，进一步选择和确认建坪场地，根据场地条件结合建坪需要协调草坪与地形条件、地面景物、建筑和其他绿地的配置关系，解决其中存在的问题和矛盾，使草坪建成后，能形成更为亮丽的景观。

　　要做好草坪规划，必须掌握建坪场地的基本情况，因此，首要的工作是对场地基本情况进行调查。

### （一）场地调查的内容包括

1. 地形

如场地形状、长、宽、面积、起伏状况等。

2. 原有植被和绿地现状

如植物种类、数量、密度等。

3. 地面状况和地物种类

如输电线、电话线、道路、石头及杂物，有无巨石、建筑物及其他设施等。

4. 地下状况

岩石状况、土埋石头大小、深浅，有无地下输水管道及其他设施。

5. 土壤理化性质

6. 气象资料

如风向、风速、灾害性因素等。

7. 原有景观

特点、质量好坏、需要改造的地方。

8. 周围环境

自然环境、社会环境、居民意向等。

调查方法主要采用现场实地观察记录、必要测定和历史资料的收集。

**（二）调查资料的分析，初步方案的形成和评价**

1. 调查资料的整理、分析和初步规划方案由草坪专业技术人员提出。

2. 讨论需扩大范围，最好有经营者、园林绿地专家、城乡建设专家、生态专家等参与研讨和咨询。

3. 综合各方意见，修改初步规划方案，可在会上提出修改意见，然后由经营者和草坪技术人员整理、修改、完善后，再在一定范围内讨论并通过方案。

**（三）如何思考和处理规划中遇到的各种问题**

1. 地形的利用和改造问题

除要求在平坦地面上建植草坪以外，尽可能利用原有地形，对不符合需要的再适当加以改造。小丘坡地形的合理利用，常会取得良好的效果。如许多城市中的公寓、居住小区的商品房，绿化面积较小，建一点草坪，或者在草坪上栽几株树，种几窝竹，取个好听的名字，如"梧桐苑"、"翠竹苑"等，但在树和竹逐渐长大以后，草坪也就退化了，显露出一种很难看的景象。可是有些商品房居住小区却处理得很好。他们在房屋建筑的下面修建停车场，将取出的土在排式的建筑物前作成倾斜的坡面，中间为车和人行道，加之排式建筑位置也采取了一些适当变换，而不采用整整齐齐的排对排布局。在两边建筑前的斜坡地上种植少量树木，灌丛，路边布置草坪，再加一点花卉，给人一种曲径通幽的感觉，对房产顾客极具吸引力，比同一城市的其他房产卖出更高的价格。

2. 场地原有植物的处理

对影响景观效果和妨碍施工的植物宜采取消除或部分清除的办法。但对树形良好的孤植树、树丛、疏林，甚至林片应尽可能地保留。在实践中有些地方利用得当，迅速产生了很好的效果。

3. 地物的处理问题

对地物的处理，无论地上或是地下，妨碍建坪的一般应清除。不能拆除的管道和其他重要设施则采用保护措施，为填土以抬高坪床，使其不影响建坪。对于场地中的石头则要既清除又利用，大的石头可用来构景造型，小的砾石聚集起来可作为运动场地下排水管周围的填充物，也可用作铺路的材料等利用。

4. 协调其他绿地、景物和建筑与草坪的关系

关键在于确定草坪建设场地符合于建设目的，有利于草坪的利用或发挥草坪的生态效益，解决好与其他地物之间的矛盾。使各部分得以协调和配合，共同形成亮丽景观。

总而言之，草坪规划的结果是依建设草坪的目的对拟建草坪的场地和有关条件进行评价，在此基础上确认建坪地点的合理性。涉及问题的解决方法和途径的可行性，为草坪设计提供依据。

**二、草坪设计**

草坪设计的依据是草坪的规划，设计思想始终要以建植草坪的目的为依据，切实可行，能有效地为利用服务。切忌为引起注视而虚张声势，华而不实，那样会导致不良后果。

## （一）场地基本设备的设计

### 1. 排灌系统的设计

建坪能否成功，草坪质量的好坏，适宜的水分条件是很关键的，为调节土壤水分就需要排灌系统。排水系统在多雨地区和潮湿的环境中特别重要。排水系因草坪种类而有所不同，有的要求地面和地下都能排水，如为足球场地面利用设置必要的倾斜度以利排除地面积水。地下铺设暗沟和管道以排除渗透到土中的过多水分，以保证良好的运动环境。护坡草坪长而大的边坡于坡顶、坡脚和平台处均需设置排水沟。如果坡面水流量大还需设置坡面排水沟。庭院草坪中的潮湿地方为保证足够的地面建草坪，也可把排水管道设置在地下。灌溉系统不仅在干旱地区特别重要，即使在湿润地区也有干旱季节和干旱时间的缺水问题，所以灌溉系统一般都是需要的。草坪灌溉系统多采用喷灌，喷灌可以设置固定的灌溉系统，也可采用活动的喷灌系统。喷灌系统的采用要根据当地的条件切实可行地进行设计。

### 2. 道路的设计

道路与草坪相关的交通道路和草坪管理作业必要的道路。交通道路多设置在草坪边缘和草坪与其他绿地之间。必须经过草坪的人行道，在公园和庭园中的草坪上，多采用铺设踏脚石路的办法，既不影响草坪而又可以作为一种造型和构景，给人以想象，通过踏脚石路把人的视线引向更为深远的地方。

## （二）坪床设计

坪床设计包括地面清理，原有场地的杂草清除和预防的土壤消毒及土壤改良等内容，其目的在于为新建草坪创造良好的土壤条件，避免原有土壤中的杂草繁殖体和病原微生物对新建草坪带来危害。其做法见本章第二节和各类草坪的相关部分。

## （三）草种的选择和组合

概括而言草种选择和组合的基本原则和方法是根据当地的气候条件决定选用草坪的类型（冷季型草坪草和暖季型草坪草），

根据土壤条件和草坪利用的目的结合草坪的生态生物学特性来选定草坪的种类和品种。

草种和品种的组合一般主要考虑四个主要因素：一是草坪草叶质地的一致性；二是耐踏性，这是运动场草坪和休闲娱乐草坪和机场草坪等必须重点考虑的因素；三是延长草绿期的需要；四是考虑他们的抗旱、耐涝、抗寒和抗热等方面是否具有一致性。

**（四）草坪的景观设计**

1. 草坪草的色调和季相变化的应用

不同草科形成草坪的色调有一定的差异，如普通早熟形成黄绿色的草坪，加拿大早熟禾形成暗色的草坪。深入了解草坪草的色彩差异，一方面可以根据不同人对色彩的好恶来建植喜欢色调的草坪，另一方面是采用混播组合以弥补某些草坪在色调方面的缺陷。

2. 草坪草季相变化的利用

不同的草坪草在一年四季（或者冷暖两季）的色彩会发生变化，这是它们长期适应环境气候季节变化的反应。如我国南方的暖季型草坪草，二月为浅黄色，以后逐渐变为嫩绿色，继而呈黄绿或绿色，初冬遇霜变成枯黄色。又如北京种植的野牛草，冬为枯黄色，春为黄绿色，夏季浓绿色，秋季又转为黄色。如果我们细致观察，各种草都有其自身的变化特点。了解这种变化后可从两方面来加以利用：一是建植一些草坪保留它们的特性，给人们带来季节变化的感受和植物对季节变化适应方式的理解；二是希望延长青绿期，有助于如何作好草种组合的设计。

3. 草坪植树种花的设计

在公园和庭院草坪中有时也用乔木、灌丛或花卉来装饰，特别是一些大面积的草坪。草坪上植树可以是单株，也可数株形成树丛或布置小片成林。位置视草坪环境而定，可在边缘某地，也可靠山边，或在草坪的某一角落，要有利于构景和造型，而不影响草坪草的生长和草坪的修剪作业。在风景旅游区，如森林公园的某些地段可做成疏林式草坪。

草坪上种灌木常常是为了造型。公园和庭院草坪有的也种花。有的做成花坛，有的片植，少数庭院在草坪的一定范围内做成疏林式草地。

护坡草坪也可结合种植乔木和灌丛，主要是有利于保持水土，在水利工程（水库水塘等）的边坡可以建成疏林草坪，甚至可以造林，既有利于保持水土和构景，也有利于保持水域良好的水质。在纽约郊区供生活用水的水库；为了保持水质良好，水库边缘造林，外建草坪或农牧草地，湿地面径流经过草坪（或草地）和森林"过滤"后，流入水库中的水是比较洁净的。

4. 草坪设计图的制作

草坪设计方案完成后，除要有文字记载和叙述以外，还要落实在设计图上。通常是以大比例尺的地形图为底图，在其标出草坪的位置，相关地物，建筑和绿地的位置，草坪上的景观设计的种类和位置，其他设施（如排灌系统、道路等）的位置和方向，均用拟定或者习用的符号在地图上标出。图上难以标记清楚的，再附以文字说明。

**三、草坪建设计划**

草坪建设计划是有关领导机构民主决策的依据，通过和批准的计划又是建设草坪卫作人员共同遵循的行为准则。如果是公司承建，计划也是甲乙方签订合同的依据。

草坪建设计划的草拟是以草坪的规划和设计为依据的，规划和设计的文字材料和图件可作为计划的附件。

计划的内容包括：草坪名称、用途、地点、规划设计概况、需要的材料、药品、机具和设备、人工等，以及经费概算，完成期限，检查验收方法等。

各类草坪建设计划大同小异，但内容要特别注意，不同类型草坪的特殊要求和机具设备的特殊要求。

# 第二节　草坪草种的选择

选择适宜当地气候土壤条件的草种，是建坪成败的关键。它关系到未来草坪的持久性、品质好坏及对杂草、病虫害抗性强弱等重要问题。

草坪植物种类繁多，特性各异，作为一种特殊经济类群的草坪草，从草坪的角度出发，要求它必须具有很好的坪用特性和良好的外观质量。如颜色、质地、均一性、对环境的适应性；对外力的抵抗性、再生性、持久性、栽植难易程度等。各地环境不同，建坪目的要求不同，建坪单位的经济条件也不一样，很难制定一个统一标准。因此，只能根据不同地区的条件和建坪要求进行草种的选择。

## 一、草坪草的适应范围

草坪草都有适宜各自生长的特定的气候范围，这种适应性能够保证草坪草对杂草的竞争优势。气候的适应性必须与期望的草坪的养护管理水平保持一致。低养护水平的草坪必须能很好地适应当地的气候；在极少养护条件下选择的草坪草种，必须对当地的优势种具有极强的竞争力；处于高养护水平下的草坪，它的适应范围常常会超出它的正常范围。

温度和降雨是对草坪草种适应范围影响最大的气候因素。草坪草通常分为暖地型草坪草和冷地型草坪草两类：暖地型草坪草是在温暖和炎热的温度（26～35℃）条件下有最适宜的生长速度的草种。冷地型草坪草是在较冷的季节（15～25℃）有最适宜的生长速度的草种。潮湿、湿润的条件适宜部分草坪草的生长，而干旱、半干旱条件则适宜另一些的草坪草的生长。通常来说，暖地型草坪草种适宜种植在南方，冷地型草坪草种适宜种植在北方。

**二、草坪草种的选择原则**

1. 选择在特定区域能抗最主要病害的品种。

2. 确保所选择的品种在外观的竞争力方面基本相似。

3. 至少选择出 1 个品种，该品种在当地条件下，在任何特殊的条件下，均能正常生长发育。

4. 至少选择 3 个品种进行混合播种。

**三、草坪草种的选择要点**

根据建坪要求，草坪草种类、品种的选择，可据以下条件进行。

1. 适应当地气候、土壤条件（水分、pH 值、土壤的理化性质等）。

2. 灌溉设备的有无以及水平。

3. 建坪成本及管理费用的高低。

4. 种子或种苗获取的难易程度。

5. 欲要求的草坪的外观及实际利用的品质。

6. 草坪草的品质。

7. 抗逆性（抗旱性、抗寒性、耐热性）。

8. 抗病虫草害的能力。

9. 寿命（一年生、越年生或多年生）。

10. 对外力的抵抗性（耐修剪性、耐践踏与耐磨性、对剪切的抗性）。

11. 有机质层的积累及形成。

**四、草坪草种的选择方法**

草坪草种的选择可通过多种方法确定，在草坪建植过程中常用的有以下几种。

1. 经验法

在确定建坪之初，对建坪地区的草坪现状进行详尽调查，弄清在该地区建坪的常用草种及其对当地条件的适应性和坪用特性表现，进而根据当地的环境条件、建坪的要求和建坪条件，选定实践证明较为适应当地条件的草坪草种及品种。

2. 试验法

如时间允许，在建坪之前可选择一些大体适应当地条件和建坪目的的草坪草种及品种，在小面积上进行引种试验。经过一个或几个生长周期后，根据试验的结果，进行草种的选择。

3. 引种区域化法

以自然地理位置和自然气候带划分为主要依据，将一定的地域划分成若干个建坪条件不同的区，然后在每个区内具有代表性的地点（气候、土壤等）设置引种试验点，通过草坪草种的引种栽培试验及其评价，来确定该地区适宜建坪的草种及品种（表3－1）。

**表3－1　中国不同地区推荐选用的百绿集团草坪草种**

（据百绿集团2008年4月）

| 区域气候特点及土壤质地 | 适宜草坪草种及品种 |
| --- | --- |
| 1区——寒温带针叶林气候 | |
| 本区位于我国最北部，属寒温带，夏季短促，冬季漫长而严寒，是我国最寒冷的地区之一，年平均气温－3℃以下，极端最低温度达到－52.3℃，结冰期长达7个月，阴坡土壤普遍出现岛状永冻层。≥10℃积温1 100～1 500℃，无霜期80～100天，年降水量450毫米左右 | 杂三叶；红三叶；丛生毛草；百卡；紫花苜蓿；金达；细羊茅；百可；硬羊茅；劲峰；细弱紫羊茅；皇冠；邱氏羊茅；桥港Ⅱ代；高羊茅：维加斯、易凯、TF66、探索者、锐步、凌志、凌志Ⅱ；根茎羊茅；节水草；白三叶：考拉、铺地；草地早熟禾：百胜、巴润、男爵、百思特；多年生黑麦草：百舸、匹克、首相Ⅱ、顶峰、顶峰Ⅱ |
| 2区——温带季风森林草原气候 | |
| 该区位于中温带北部。冬季气候寒冷，干燥且漫长，夏季温热、多雨而短促。年平均气温0.3～4.9℃，≥10℃积温2 200～2 800℃，无霜期100～130天，年降水量500～650毫米，山地可达700～800毫米，65%的降水集中在6～8月，春旱夏涝，降水量自东向西减少。土壤为黑土、草甸土、白浆土和沼泽土 | 匍匐剪股颖：老虎、继承、摄政王；细羊茅：百可；硬羊茅：劲峰；细弱紫羊茅：皇冠；邱氏羊茅：桥港Ⅱ代；草地早熟禾：巴润、男爵、百思特、百胜；多年生黑麦草：百舸、匹克、首相Ⅱ、匹克、顶峰、顶峰Ⅱ；高羊茅：维加斯、易凯、TF66、探索者、锐步、节水草、凌志、凌志Ⅱ、根茎羊茅；白三叶：考拉、铺地；杂三叶；红三叶；丛生毛草；百卡；紫花苜蓿；金达；百喜草 |

（续表）

| 区域气候特点及土壤质地 | 适宜草坪草种及品种 |
|---|---|

**3 区——温带季风针叶阔叶混交林气候**

该区属温带大陆性气候，冬季漫长而寒冷，夏季温热多雨，春季干旱多大风。年平均温度 2~5℃，≥10℃积温平原区 2 600 ~ 3 300℃，山区不足 2 000℃，无霜期山区 100~120 天，平原区 130~170 天，年降水量以山地最高，500~700 毫米，平原沙地为 350~400 毫米，60% 的降水集中在 6~8 月，年际变率较大

匍匐翦股颖：老虎、继承、摄政王；细羊茅：百可；硬羊茅：劲峰；细弱紫羊茅：皇冠；邱氏羊茅：桥港Ⅱ代；草地早熟禾：巴润、男爵、百思特、百胜；多年生黑麦草：百舸、匹克、首相Ⅱ、顶峰、顶峰Ⅱ；高羊茅：维加斯、易凯、TF66、探索者、锐步、节水草、根茎羊茅、凌志、凌志Ⅱ；白三叶：考拉、铺地；杂三叶；红三叶；丛生毛草：百卡；紫花苜蓿：金达；百喜草

**4 区——暖温带季风落叶阔叶林气候**

该区位于我国暖温带地域范围内，面环海，为海洋性气候，温暖潮湿，水、热资源比较丰富，年日照时数 2 600~2 800 小时，年平均气温 8~13℃，≥10℃积温 3 400~4 000℃，无霜期辽东半岛为 100~210 天，山东半岛为 200~250 天，年降水量 600~900 毫米。受海洋性气候影响，物候期晚于同纬度的内陆地区半个月

匍匐翦股颖：老虎、继承、摄政王；狗牙根：巴拿马、普通脱壳；多年生黑麦草：匹克、百舸、首相Ⅱ、顶峰、顶峰Ⅱ；草地早熟禾：百胜、巴润、男爵、百思特；高羊茅：维加斯、易凯、TF66、探索者、锐步、节水草、根茎羊茅、凌志、凌志Ⅱ；白三叶：考拉、铺地；杂三叶；红三叶；丛生毛草：百卡；紫花苜蓿：金达；百喜草；细羊茅：百可；硬羊茅：劲峰；细弱紫羊茅：皇冠；邱氏羊茅：桥港Ⅱ代

**5 区——暖温带季风半旱生落叶阔叶林气候**

该区属暖温带湿润气候，四季分明，水热同期。年平均气温 9~14℃，≥10℃积温 3 800~4 300℃，年日照 2 700 小时，无霜期 180~220 天，年降水量 500~800 毫米。春季十年九旱，夏季多暴雨

匍匐翦股颖：老虎、继承、摄政王；狗牙根：巴拿马、普通脱壳；多年生黑麦草：百舸、首相Ⅱ、顶峰、顶峰Ⅱ、匹克；细羊茅：百可；硬羊茅：劲峰；细弱紫羊茅：皇冠；邱氏羊茅：桥港Ⅱ代；草地早熟禾：巴润、男爵、百思特、百胜；高羊茅：维加斯、易凯、TF66、探索者、锐步、节水草、根茎羊茅、凌志、凌志Ⅱ；白三叶：考拉、铺地；杂三叶；红三叶；丛生毛草：百卡；紫花苜蓿：金达；百喜草

# 第三章 草坪的建植

(续表)

| 区域气候特点及土壤质地 | 适宜草坪草种及品种 |
|---|---|
| **6 区——暖温带季风落叶阔叶林气候**<br><br>该区为高原沟壑区，地形复杂，海拔多在 900～1 500 米，位于我国东部季风湿润区向西北干旱区的过渡地带，大致以恒山—神池—保德—榆林—靖边一线为界，线的西北部属温带半干旱气候，线的东南部属温带半湿润半干旱气候。西北部年平均气温为 6～9℃，冬季长达 5 个月，极端最低气温达 -30℃ 左右，无霜期 130～150 天，年平均降水量 150～400 毫米。全年 ≥8 级大风口数达 40 天以上，大风伴随降温，扬起沙暴，吹蚀表土，加剧干旱，是当地主要的灾害性气候。东南部以吕梁山为界，分为东、西两个不同的气候区。吕梁山以西，包括陕北黄土丘陵区，年平均气温 7～10℃，无霜期 140～180 天，年平均降水量 450～550 毫米；吕梁山以东，年平均气温 10～14℃，无霜期 150～250 天，年平均降水量 500～650 毫米 | 匍匐剪股颖：老虎、继承、摄政王；狗牙根：巴拿马、普通脱壳；多年生黑麦草：百舸、首相Ⅱ、顶峰、顶峰Ⅱ、匹克；细羊茅：百可；硬羊茅：劲峰；细弱紫羊茅：皇冠；邱氏羊茅：桥港Ⅱ代；草地早熟禾：巴润、男爵、百思特、百胜；高羊茅：维加斯、易凯、TF66、探索者、锐步、节水草、根茎羊茅、凌志、凌志Ⅱ；白三叶：考拉、铺地；杂三叶；红三叶；丛生毛草：百卡；紫花苜蓿：金达；百喜草 |
| **7 区——北亚热带季风落叶常绿阔叶林气候**<br><br>本区属亚热带向暖温带过渡的气候带，温暖湿润，雨量充足，多集中于夏季。年平均气温 13～16℃，最冷月（1 月）气温 0～4℃，最热月（7 月）气温 26～29℃，极端最高 42.9℃，极端最低温度 -17.4℃，≥10℃积温 4 500～5 000℃。年降雨量 1 000 毫米以上，无霜期 210～250 天，日照时数 2 000～2 300 小时。夏季高温伏旱，冬季降雪时有严寒 | 匍匐剪股颖：老虎、继承、摄政王；狗牙根：巴拿马、普通脱壳；盖播型黑麦草：潘多拉、过渡星；多年生黑麦草：百舸、首相Ⅱ、顶峰、顶峰Ⅱ；细羊茅：百可；硬羊茅：劲峰；细弱紫羊茅：皇冠；邱氏羊茅：桥港Ⅱ代；高羊茅：易凯、TF66、探索者、维加斯、锐步、节水草、根茎羊茅、凌志、凌志Ⅱ；白三叶：考拉、铺地；早熟禾：威罗；杂三叶；红三叶；白三叶：考拉、铺地；丛生毛草：百卡；紫花苜蓿：金达；百喜草 |

· 75 ·

| 区域气候特点及土壤质地 | 适宜草坪草种及品种 |
|---|---|
| **8 区——中亚热带季风常绿阔叶林气候**<br><br>该区西北部年平均气温 15～17℃，≥10℃积温 4 500～5 500℃，年降水量 1 000～1 500 毫米。该区东南部为亚热带湿润季风气候，温暖湿润，夏长冬短。年平均气温 16～22℃，≥10℃积温 5 000～7 300℃，无霜期 250～350 天，年降水量 1 000～1 800 毫米，80%～85% 降水集中在 3～9 月，水热同期 | 匍匐剪股颖：老虎、继承、摄政王；狗牙根：巴拿马、普通脱壳；盖播型黑麦草：潘多拉、过渡星；高羊茅：锐步、凌志、凌志Ⅱ、探索者、维加斯、节水草、易凯、TF66；白三叶：考拉、铺地；细羊茅：百可；硬羊茅：劲峰；细弱紫羊茅：皇冠；邱氏羊茅：桥港Ⅱ代；多年生黑麦草：百舸、首相、首相Ⅱ、顶峰、顶峰Ⅱ；草地早熟禾：百思特；早熟禾：威罗 |
| **9 区——南亚热带季风含季雨林的常绿阔叶林气候**<br><br>本区气候具有热带、亚热带特点，平均温度在 20℃以上，≥10℃年积温为 8 000℃左右，降水量 2 000 毫米，山区达 3 000 毫米，水热充沛为我国之首。海拔 3 000 米以上的山地，终年不见霜雨，频繁的台风是该区的严重自然灾害。本区山地以红壤为主，有机质含量较高 | 匍匐剪股颖：老虎、继承、摄政王；狗牙根：巴拿马、普通脱壳；盖播型黑麦草：潘多拉、过渡星；早熟禾：威罗；百喜草；丛生毛草：百卡；白三叶：考拉、铺地；杂三叶；红三叶；紫花苜蓿：金达 |
| **10 区——高原高山亚热带季风气候**<br><br>本区处于南亚热带，西南边缘为温热多雨的热带气候。该区年均温 20℃左右，≥10℃年积温多在 7 000℃以上，年降水量 1 200 毫米。土壤大部分为砖红壤、红壤，还有干燥的河谷区的燥红土及石灰岩地区的黑色或棕色石灰土等 | 匍匐剪股颖：老虎、继承、摄政王；狗牙根：巴拿马、普通脱壳；盖播型黑麦草：潘多拉、过渡星；早熟禾：威罗；年生黑麦草：首相、百舸、首相Ⅱ、顶峰、顶峰Ⅱ、百舸、匹克；草地早熟禾：百思特、巴润、男爵、百胜；硬羊茅：劲峰；细弱紫羊茅：皇冠；邱氏羊茅：桥港Ⅱ代；高羊茅：维加斯、易凯、TF66、探索者、锐步、节水草、凌志、凌志Ⅱ；白三叶：考拉、铺地；百喜草；丛生毛草：百卡；杂三叶；红三叶；紫花苜蓿：金达 |

（续表）

| 区域气候特点及土壤质地 | 适宜草坪草种及品种 |
|---|---|
| **11 区——热带季风季雨林雨林气候**<br><br>　　本区属南亚热带和热带气候，长夏无冬季。背山面水，低纬度、强日照、海洋季风调节，成为我国水热资源最为丰富的地区，也是我国年平均温度和夏季最热月平均温度最高的地区。年均温多在 20℃以上，南海诸岛和海南岛南部可高达 27℃，≥10℃年积温在 6 500℃以上。最南端可达 9 000℃。年平均降水量 1 200～2 000 毫米。夏秋干旱和台风是主要的灾害性气候。光、热水资源极丰富，但水土流失比较严重。土壤多为砖红壤。pH 值为 5 左右，氮磷钾三大元素均较为缺乏，而铁和铝等较高，有机质含量低，土壤十分贫瘠 | 匍匐剪股颖：老虎、继承、摄政王；狗牙根：巴拿马、普通脱壳；盖播型黑麦草：潘多拉、过渡星；早熟禾：威罗；白三叶：考拉、铺地；百喜草；丛生毛草：百卡；杂三叶；红三叶；紫花苜蓿：金达 |
| **12 区——温带草原气候**<br><br>　　该区位于中纬度内陆区，具有明显的温带大陆性气候特点。以阴山为界，南、北部气候差异比较明显。阴山以北地区，降水由南至北递减，气温则由南至北随海拔高度的降低而略有升高，阴山北侧山前丘陵地带，年平均气温 1～4℃，≥10℃积温 2 000～2 200℃，年降水量 250～400 毫米，年湿润度为 0.3～0.4。往北进入乌兰察布高原，年均温 1～5℃，≥10℃积温 2 600～3 000℃，年降水量不足 200 毫米，年湿润度为 0.2～0.3。阴山以南地区，年平均气温 2～7℃，≥10℃积温 2 800～3 000℃，年降水量 300～450 毫米，年湿润度为 0.2～0.4。由东向西气温递增，降水则递减 | 匍匐剪股颖：老虎、继承、摄政王；狗牙根：巴拿马、普通脱壳；硬羊茅：劲峰；细弱紫羊茅：皇冠；邱氏羊茅：桥港Ⅱ代；细羊茅：百可；年生黑麦草：百舸、首相、首相Ⅱ、顶峰、顶峰Ⅱ、百舸、匹克；草地早熟禾：巴润、男爵、百思特、百胜；盖播黑麦草：潘多拉、过渡星；高羊茅：维加斯、易凯、TF66、探索者、锐步、节水草、凌志、凌志Ⅱ；早熟禾：威罗；百喜草；丛生毛草：百卡；白三叶：考拉、铺地；杂三叶；红三叶；紫花苜蓿：金达 |

# 人工草地建植员

| 区域气候特点及土壤质地 | 适宜草坪草种及品种 |
|---|---|

**13 区——温带荒漠草原气候**

该区经向地带性明显，以草原气候为主，以典型草原为主体，从东北到西南形成草甸草原—典型草原—荒漠草原过渡的特点。气候温和，降水偏少，水资源短缺，大部分地区缺少灌溉条件。年平均温度 $-2\sim6℃$，$\geq10℃$ 年积温约 $2\ 000\sim3\ 000℃$，无霜期 $150\sim200$ 天，年降水量为 $250\sim400$ 毫米，从东南向西北递减。由于热量较少，该区湿润度仍达 $0.3\sim1.2$，甚至 $1.5$。生态环境脆弱，土地沙漠化强烈。本区干旱、多大风，土壤基质较粗，土地沙化严重

匍匐剪股颖：老虎、继承、摄政王；狗牙根：巴拿马、普通脱壳；硬羊茅：劲峰；细弱紫羊茅：皇冠；邱氏羊茅：桥港Ⅱ代；细羊茅：百可；年生黑麦草：百舸、首相、首相Ⅱ、顶峰、顶峰Ⅱ、百舸、匹克；草地早熟禾：巴润、男爵、百思特、百胜；高羊茅：维加斯、易凯、TF66、探索者、锐步、节水草、凌志、凌志Ⅱ；早熟禾：威罗；百喜草；丛生毛草：百卡；白三叶：考拉、铺地；杂三叶；红三叶；紫花苜蓿：金达

**14 区——温带高山气候**

本区的准格尔盆地平原区受西来湿气流的影响，气候较湿润，年降水 $150\sim260$ 毫米，$\geq10℃$ 积温 $3\ 106\sim3\ 600℃$，北部阿尔泰山地区为 $2\ 500\sim2\ 800℃$。1 月份均温，阿尔泰各县为 $-13.6\sim22.5℃$，7 月份均温：$19.9\sim22.6℃$，昌吉四族自治州各县 1 月份和 7 月份均温依次为：$-18.8\sim-16.2℃$ 和 $20.8\sim25.5℃$；其余伊、塔、博三地伊犁 1 月份均温较高外，其余数值近似。盆地周围是山区。年降水量 $500$ 毫米左右，年均温 $2.0\sim2.8℃$，1 月份和 7 月份均温依次为 $-11.4\sim-10℃$ 和 $14.4\sim14.7℃$，$\geq10℃$ 积温 $1\ 170\sim1\ 216℃$，地处迎风面，降水丰沛，西部多，东部少，热量适当，土壤有黑土、暗栗钙土，有机质含量 $4\%\sim9\%$，高者达 $14\%$，盐碱含量低而肥沃，质地多为沙壤和中壤，无需灌溉

草地早熟禾：巴润、男爵、百思特、百胜；硬羊茅：劲峰；细弱紫羊茅：皇冠；邱氏羊茅：桥港Ⅱ代；细羊茅：百可；高羊茅：维加斯、易凯、FF66、探索者、锐步、节水草、凌志、凌志Ⅱ；早熟禾：威罗；年生黑麦草：首相、首相Ⅱ、顶峰、顶峰Ⅱ、匹克；丛生毛草：百卡；白三叶：考拉、铺地；杂三叶；红三叶；紫花苜蓿：金达

（续表）

| 区域气候特点及土壤质地 | 适宜草坪草种及品种 |
| --- | --- |
| **15 区——暖温带荒漠气候**<br><br>　　该区属中温带至暖温带极端干旱的荒漠、半荒漠地带。降水稀少，光热丰富，水资源分配不平衡。该区年降水小于 250 毫米，其中一半以上地区不到 100 毫米。年辐射总量为 5 680 ~ 6 700 千焦/平方米，年日照时数 2 600 ~ 3 400 小时，日照百分率 60% ~ 75%，是全国太阳辐射能量最丰富的地区之一。≥0℃ 年积温为 2 100 ~ 4 000℃，其中，新疆塔里木、吐鲁番、哈密盆地及甘肃安西、敦煌地区达 4 000 ~ 5 700℃。阿尔泰山、天山、昆仑山、祁连山等高山降水较丰富，如天山、祁连山区可达 400 ~ 600 毫米。水资源年变幅虽较平稳，但地区以及季节分布很不均匀。在新疆伊犁河、额尔齐斯河流域，河西走廊的黑河、疏勒河流域夏季水量较多，其余地区严重不足。自然灾害严重、频繁。该区极度干旱、多风、植被稀少，荒漠化、盐渍化强烈，生态环境十分脆弱 | 匍匐剪股颖：老虎、继承、摄政王；狗牙根：巴拿马、普通脱壳；硬羊茅：劲峰、细弱紫羊茅：皇冠、邱氏羊茅：桥港Ⅱ代；细羊茅：百可；年生黑麦草：百舸、首相、首相Ⅱ、顶峰、顶峰Ⅱ、匹克；草地早熟禾：巴润、男爵、百思特、百胜；高羊茅：维加斯、易凯、TF66、探索者、锐步、节水草、凌志、凌志Ⅱ、根茎羊茅：白三叶：考拉、铺地；百喜草；丛生毛草：百卡；杂三叶；红三叶；紫花苜蓿：金达 |
| **16 区——高原高山寒带气候**<br><br>　　藏北气候由南往北逐渐变得更冷更干燥，南方为草原，北部为荒漠源，形成湿润与干旱的过渡带。年均温多在 0℃ 以下，降水量 100 ~ 250 毫米，多地形雨，频繁而少量，以雨、冰雹、雪、霰为主，降水量少而蒸发量大，风速大，无绝对无霜期。大体上在海拔 4 500 ~ 5 500 米之间，依次为高山草原、高山草甸草原、高山草甸、高山垫状植被而垂直分布，5 500 米以上为高山冰雪带和冻土层。平均气温 −5.6 ~ 4.8℃，降水量 267.6 ~ 764.4 毫米。全年 ≥ 0℃ 积温 586.3 ~ 1 984℃。低温、霜冻、冰雹、雪灾等自然灾害频繁 | 草地早熟禾：巴润、男爵、百思特、百胜；高羊茅：维加斯、易凯、FF66、探索者、锐步、节水草、凌志、凌志Ⅱ、根茎羊茅；细羊茅：百可；硬羊茅：劲峰；细弱紫羊茅：皇冠；邱氏羊茅：桥港Ⅱ代；多年生黑麦草：百舸、首相、首相Ⅱ、顶峰、顶峰Ⅱ；白三叶：考拉、铺地；杂三叶；红三叶；丛生毛草：百卡；紫花苜蓿：金达 |

（续表）

| 区域气候特点及土壤质地 | 适宜草坪草种及品种 |
|---|---|
| 17 区——高原高山寒温带气候<br><br>　　本区年降水量一般在 500～800 毫米。西南部边缘达 1 500 毫米以上。气候的地区差异和垂直差异均很突出。同一地区从河谷到山顶往往是热带、亚热带、暖温带、温带、寒带直至雪带都可能出现。在河谷阶地以农为主，山腰阴坡以林为主。阳坡多为草场，山顶或为草场或为冰雪山峰 | 匍匐剪股颖：老虎、继承、摄政王；狗牙根：巴拿马、普通脱壳；硬羊茅：劲峰、细弱紫羊茅；皇冠；邱氏羊茅：桥港Ⅱ代；细羊茅；百可；年生黑麦草：百舸、首相、首相Ⅱ、顶峰、顶峰Ⅱ、匹克；草地早熟禾：巴润、男爵、百思特、百胜；高羊茅：维加斯、易凯、FF66、探索者、锐步、节水草、凌志、凌志Ⅱ、根茎羊茅；白三叶：考拉、铺地；丛生毛草：百卡；杂三叶、红三叶；紫花苜蓿：金达 |

注：本表草坪草种及其品种为 2008 年 4 月之前百绿集团所售草种及品种。

4. 温度曲线拟合法

　　草坪是一种人工植物群落。因此在草种选择中，只考虑人力不易改造的温度因素，就可以正确、快速的选定草种。具体做法是：在一坐标系内绘出欲选定草坪草种适应的温度范围，并在同一坐标系中绘出建坪地近 5 年内的月平均温度曲线。当该曲线落入草坪草的适宜温度区内，则该种可以选择；反之，则不能够选择。

# 第三节　场地的准备

　　坪地土壤是草坪草生长的基础，土壤的水、肥、气、热等条件决定着草坪的质量与寿命，由此，场地准备在很大程度上决定着建坪的成败。场地准备包括：场地清理、土壤改良、灌溉排水系统的建立、土壤耕作。

## 一、场地清理

### （一）木本植物的清理

木本植物包括乔木和灌木以及倒木、树桩、树根等。

对于倒木、腐木、树桩、树根首先要清除地上部分并连根挖起，之后再回填土。不过效果好的树桩、倒木可保留，以提高场地的生态效益。

对于生长的木本植物，则要根据设计要求决定去留并制订移植方案。古树或景观效果好的木本植物都应尽量保留，其余则一律铲除，做到倒树挖根。

场地内如有大树要移植或大树桩要清除，应事先准备挖土机、吊车、大卡车等机械设备，并做好工作计划（方案），使清理工作有条不紊地进行。

**（二）岩石、巨砾、建筑垃圾、农业污染物的清理**

1. 岩石、巨砾

除去露头岩石是坪床清理的主要工作。根据设计，对奇形怪状、有观赏价值的可留作造景，既省钱又美观。对联体大岩石，应予爆炸，移去炸碎的块石、石屑。

技术要求：在坪床下面 60 厘米以内不得有岩石、巨砾，否则将造成水分、养分供给能力的不均匀。

2. 建筑垃圾

常见的建筑垃圾包括块石、石子、砖瓦及其碎片、水泥、石灰、泡沫、薄膜、塑料制品、建筑机械留下的油污等，必须清理干净。

技术要求：在地表 30 厘米以内不得有直径大于 2 厘米的块石、石子、砖瓦片等建筑垃圾，也不能有成堆的小于 2 厘米的碎渣，否则将影响操作，降低播种质量，阻碍草坪根系生长，利于杂草滋生。

3. 农业污染物

农业污染物常包括油污、药污，以及农用薄膜、塑料泡沫、化肥袋等塑料制品，必须彻底清除。

技术要求：被机油、柴油污染的土壤要挖走换土，否则可能导致一至多年寸草不生。土壤中不得残留不易风化降解的塑料之类的污染物。

### （三） 杂草的清理

杂草防除在草坪栽培管理中通常是一项艰巨而长期的任务。一旦草种落地，若发生同类杂草同步生长危害，就更加麻烦。尤其是某些蔓延多年生的禾草和莎草，能引起新草坪的严重杂草危害问题，即使用耙或铲进行表面杂草处理的地方，翻耕后那些残留的营养繁殖体（根茎、匍匐茎、块茎等）也可以重新生长入侵。所以应在建坪前综合应用各种除草技术，尽量诱发土内杂草种子萌发，然后清除并反复几次。

#### 1. 物理防除

物理防除是指用人工或土壤耕翻机具等手段翻挖土壤清除杂草的方法。若在秋冬季节，杂草种子已经成熟，可采用收割贮藏的方法用作牧草，或用火烧消灭杂草；若在杂草生长季节且尚未结籽，可采用人工、机械翻挖用作绿肥；若是休闲空地，通常采用休闲诱导法防除杂草，即定期进行耕、耙、浇水作业，促使杂草种子萌发，之后通过暴晒，杀死杂草可能出来的营养繁殖器官及种子，反复几次可达到清除杂草的目的。

#### 2. 化学防除

化学防除是指使用化学除草剂杀灭杂草的方法。通常应用高效、低毒、残效期短的灭生性内吸除草剂或触杀型除草剂，坪床清理常用农药如下（表3-2）。

对于休闲期较短的欲建坪地，杂草甚少，应先整地，然后浇水诱发杂草生长，待草长到10厘米高左右，并在播种或铺植前3～7天施用除草剂，比如草甘膦，一二年生杂草很快死亡，多年生杂草将除草剂吸收并转至根系，一段时间后逐渐死亡。

对于急需种草的欲建坪地，杂草丛生，物理防除达不到预期效果，并影响整地质量，且有些多年生杂草生长旺盛。这时宜采用高浓度触杀型除草剂防除杂草，比如百草枯，喷药后 1~3 天杂草基本枯死，然后耕翻、整地、播种。此法仅对一二年生杂草有效。

表 3 - 2　坪床清理常用农药
（引自：《草坪绿地实用技术手册》，孙吉雄，2002）

| 类别 | 名　称 | 特　性 |
|---|---|---|
| 除莠剂 | 草甘膦（铺草宁、膦甘酸、农大、飞达） | 非选择性根吸收除莠剂，施用后 7~10 天见效。对未修剪的植物效果最佳，杀灭匍匐冰草的效果最好。施量为 0.25~0.5 克/平方米，用药后 3~7 天播种 |
| | 卡可基酸 | 非选择性触杀型除莠剂，以有效成分含量为 5~10 克/升的溶液喷洒，能有效地杀灭杂草 |
| | 百草枯（克芜踪、对草快） | 触杀型除莠剂，可杀死植物的地上部分，不能杀死根茎。施量为 0.08~0.12 克/平方米有效成分。在土壤中不残留，但对施药者不甚安全。用药后 1~2 天即可播种 |
| | 茅草枯 | 对禾本科杂草如香附子、狗牙根、毛花雀稗等很有效。在禾草生长盛期，隔 4~6 周施用 1 次。天气越冷，间隔时间越长 |
| | 杀草强 | 对阔叶草及禾草均具杀灭作用。当两类杂草同时存在时，可与茅草枯混合使用。用药后 2 周方可播种 |
| | 氰氯化钙 | 是一种含氮的速效肥料，当用量 20~30 克/平方米时可杀许多杂草。该药应在土温高于 13℃ 时施用，并将其混入 5~8 厘米深的土壤内，在播种或栽植前施药，施药后 3~6 周内应保持土壤湿润，在黏重的土壤上施用效果最好 |
| 熏蒸剂 | 甲基溴化物 | 易挥发、活性强。可杀灭活的植物株体及大多数植物的种子、根茎、匍匐茎还有昆虫、线虫及真菌。通常在气温高于 20℃ 时使用，用药前土壤应保持湿润，用药后 2~3 天可播种 |
| | 威百亩 | 液体土壤熏蒸剂。用药前土壤应保持湿润，施量为 2.5~4.0 克/平方米有效成分。处理后 2~3 周方可播种 |

## 二、土壤改良

土壤改良是为了改良坪床土壤的理化性质、维持和增进土壤地力而进行的一系列施用改良材料的作业，这是一个使坪床土壤的结构和性质达到草坪草正常生长所需条件的过程。土壤改良具体包括土壤质地的改善、土壤养分的增加、土壤酸碱度的调节、土壤保水性保肥性的增强、土壤通透性的改善、土壤病虫草害的清除等内容。

**（一）土壤改良的要求**

最理想的草坪土壤是：土层深厚（至少30厘米）、无异型物体（如岩石、石砾、塑料垃圾等）、肥沃疏松、富含有机质、通透性好、酸碱性适中、结构良好的沙壤土。

**（二）土壤改良的内容**

1. 土壤质地的改良

沙壤土是最理想的草坪土壤质地，过黏、过沙的土壤都需改良。改良土壤质地的方法有客土法，如黏土掺沙，沙土掺黏，使改良后的土壤质地为壤土或黏壤土或沙壤土。但实践证明，这种单质改良法并不理想，改良后的土壤不均匀、不稳定。

多施有机质是最行之有效的办法。目前生产上通常使用泥炭、锯屑、农糠（稻壳、麦壳）、碎秸秆、处理过的垃圾、煤渣灰、人畜粪肥等进行改良。

泥炭的施用量约为覆盖坪床5厘米厚左右，锯屑、农糠、秸秆、煤渣灰等覆盖3~5厘米，经旋耕拌和入土壤中，使土壤质地改良的深度达到30厘米左右，最少也要达到15厘米，以使土壤疏松，肥力提高。

园林工程施工过程中常因原址没有土壤或土层很薄，或石块太多等缘故需要客土，即到别处运输土壤加入坪床。土壤污染严重时需要换土，即将污染土壤挖走，重新加入新的土壤。

换土厚度不得少于30厘米，应以肥沃的壤土或沙壤土为主。为了保证回填土的有效厚度，通常应增加15%的土量，并逐层镇压。

2. 土壤养分的增加

土壤养分的增加措施是施足基肥。要保持长久持续的草坪景观，施足基肥是关键。基肥以有机肥为主，化肥为辅，这是一项对任何土壤都行之有效的改良措施。有机肥主要包括农家肥（如厕肥、堆肥、沤肥等）、植物性肥料（油饼、绿肥、花生麸等）、处理过的垃圾肥等。化肥包括缓效复合肥或少量速效肥料。

肥料的具体用量视土壤肥力而定，一般农家肥 4~5 千克/平方米，饼肥 0.2~0.5 千克/平方米，结合旋耕，深施 30 厘米左右。速效化肥一般浅施，深度 5~10 厘米，用量 10~15 克/平方米。草坪草一个生长季节所需氮量见下表（表 3-3）。

### 表 3-3 草坪草一个生长季节所需氮量

（引自：《草坪绿地实用技术手册》，孙吉雄，2002）

单位：克/平方米

| 草种名 | 一个生长季节所需氮量 | 草种名 | 一个生长季节所需氮量 |
|---|---|---|---|
| 普通狗牙根 | 2.5~4.8 | 细弱剪股颖 | 2.5~4.8 |
| 改良狗牙根 | 3.4~6.9 | 匍茎剪股颖 | 2.5~6.3 |
| 结缕草 | 2.5~3.9 | 早熟禾 | 2.5~4.8 |
| 假俭草 | 0.5~1.5 | 普通早熟禾 | 1.9~4.8 |
| 地毯草 | 0.5~1.5 | 草地早熟禾 | 1.9~4.8 |
| 钝叶草 | 2.5~4.8 | 细羊茅 | 0.5~1.9 |
| 美洲雀稗 | 0.5~1.9 | 高羊茅 | 1.9~4.8 |
| 野牛草 | 0.5~1.9 | 一年生黑麦草 | 1.9~4.8 |
| 马尼拉草 | 2.5~3.9 | 多年生黑麦草 | 1.9~4.8 |
| 格兰马草 | 0.5~1.5 | 冰草 | 1.0~2.5 |

3. 土壤酸碱性的调节

绝大多数草坪草在 pH 值为 6.0~7.5 的时可良好生长（表 3-4），如果超出了草坪草适宜生长的酸碱范围，就要进行土壤酸碱性的改良。

酸性土壤的改良办法通常是施石灰和碳酸钙粉。需要提醒的是调节土壤酸性的石灰是农业上用的"农业石灰石"，并非工业建筑用的烧石灰和熟石灰。农业石灰石实际上就是石灰石粉

（碳酸钙粉）。石灰石粉的施用量决定于施用地块土壤的 pH 值及面积（表3-5）。石灰石粉施用时越细越好，可增加土壤的离子交换强度，以达到有效调节 pH 值的目的。

碱性土壤常用石膏、硫磺或明矾来调节。硫黄经土壤中硫细菌的作用氧化生成硫酸，明矾（硫酸铝钾）在土中水解也产生硫酸，都能起到中和土壤碱性的效果。具体的施用量因土壤酸碱程度灵活掌握。此外种植绿肥、临时草坪、增施有机肥等对改良土壤酸碱度都有明显效果。

表3-4 常见草坪草适宜酸碱度

（引自：《草坪建植技术》，陈志明，2001）

| 草　　种 | pH 值 | 草　　种 | pH 值 |
|---|---|---|---|
| 狗牙根属 | 5.2~7.0 | 剪股颖属 | 5.3~7.5 |
| 结缕草属 | 4.5~7.5 | 早熟禾属 | 6.0~7.5 |
| 假俭草 | 4.5~6.0 | 黑麦草属 | 5.5~8.0 |
| 近缘地毯草 | 4.7~7.0 | 羊茅、紫羊茅 | 5.3~7.5 |
| 钝叶草 | 6.0~7.0 | 苇状羊茅 | 5.5~7.0 |
| 巴哈雀草 | 5.0~6.5 | 冰草 | 6.0~8.5 |
| 野牛草 | 6.0~8.5 | 格兰马草 | 6.0~8.5 |

表3-5 调节土壤酸碱度的石灰石粉施用量

（引自：《草坪建植与管理手册》，韩烈保，1999）

| 土壤反应 | | 施石灰石粉量（每100平方米含有的千克数） | | | |
|---|---|---|---|---|---|
| pH 值 | 条件 | 粉细沙土 | 中沙壤土 | 壤土和粉壤土 | 黏壤土和黏土 |
| 4.0 | 超级强酸 | 40.60 | 54.48 | 74.91 | 90.80 |
| 4.5 | 极强酸 | 36.32 | 47.67 | 68.10 | 81.72 |
| 5.0 | 强酸 | 31.78 | 40.86 | 54.48 | 68.10 |
| 5.5 | 中等强酸 | 20.42 | 27.24 | 40.86 | 54.48 |
| 6.0 | 微酸 | 11.35 | 13.62 | 20.43 | 27.24 |

### 4. 土壤保水性的增强

为了增加土壤保水性，可应用土壤保水剂，如锯屑、农糠、碎花泥等，但在施用过程中要注意充分腐熟，并在土壤中混合均匀。此外还有专门的保水剂商品销售，这些草坪专用的土壤保水剂，通常是高分子物质，吸水量是自重的几千倍以上，且不易蒸发，可供植物根系长期吸收，用量一般5克/平方米左右。

### 5. 土壤消毒

土壤消毒是指把农药施入土壤中，杀灭土壤病菌、害虫、杂草种子、营养繁殖体、致病有机体、线虫等的过程。

熏蒸法是进行土壤消毒的最佳办法，该法是将高挥发性的农药（溴甲烷、棉隆等）施入土中，以杀伤和抑制杂草种子、营养繁殖体、致病有机体、线虫等。具体操作是用塑料膜覆盖地面，将药用导管导入被覆盖好的地面，24～48小时后撤出地膜，再播种。也可用棉隆等进行喷雾消毒，具体使用时应严格按说明书要求操作。

### 6. 排洗土壤盐碱

盐碱土是土壤盐渍化的结果。盐碱土因可溶性物质多，影响草坪草吸水吸肥，甚至产生毒害。在盐碱土上种草坪，除种植一些耐盐碱的草坪品种（如高羊茅、结缕草、碱茅等）外，都应进行改良。

主要措施是排碱洗盐和增施有机肥料。对小型坪地，应四周开挖淋洗沟，经浇水（淡水）淋洗，使盐分减少，一个生长季后草坪草基本能适应。在排碱洗盐的同时结合施用有机肥效果更好，畜粪、堆肥、泥炭等有机肥都具有很强的缓冲土壤盐碱的作用，是一项土壤改良的重要措施。

# 第四节　草坪建植方法

## 一、营养体繁殖法建植草坪

营养体繁殖法包括铺植法、直栽法、插枝条和匍匐茎撒播（播茎法）。除铺草皮之外，以上方法仅限于具有强匍匐茎和强根茎的草坪草的繁殖建坪。

营养体建植与播种相比，其主要优点是：能迅速形成草坪，见效快，坪用效果直观；无性繁殖种性不易变异，观赏效果较好；营养体繁殖各方法对整地质量要求相对较低。主要缺点是：草皮块铲运、种茎加工或铺（栽）植费时费工，成本较高。

### （一）铺植法

铺植法即用草皮或草毯铺植后，经分枝、分蘖和匍匐生长成坪。

1. 草皮的生产

草皮是建植草坪绿地的重要材料之一，特点是能快速建成并实现绿色覆盖。随着我国草坪绿化事业的发展，草皮生产规模逐年扩大，成为快速建设绿地的重要手段之一。

（1）普通草皮的生产　选择靠近路边，便于运输的地块，将土地仔细翻耕、平整压实，做到地面平整、土壤细碎。最好播前灌水。当土壤不粘脚时，疏松表土。用手工撒播或机械播种。播后用竹扫帚轻扫一遍或用细齿耙轻搂一遍，使种子和土壤充分接触，并起到覆土作用，平后镇压。根据天气情况适当浇水，保持地面湿润，要使用雾状喷头，以免冲刷种子。如果温度适宜，草地早熟禾各品种一般 8～12 天出苗，高羊茅、黑麦草 6～8 天出苗。苗期要注意及时清除杂草。长江以南地区草皮生产多采用水田，坪床准备好之后，先灌水，使土壤呈泥浆状，然后撒茎，边撒边拍，使草茎与土壤紧密接触（图 3－1）。一般 60 天左右即能成坪。

当草坪成坪后，有客户需要可立即铲（起）"草"。起草皮之前要提前 24 小时修剪并喷水，镇压保持土壤湿润。因为土壤干燥时起皮难，容易松散。传统的起草皮方法是先在草坪田内用刀画线，把草坪划成长 30～40 厘米，宽 20～30 厘米的块，然后用平底铁锹铲起，带土厚度 0.5 厘米左右。每 6～7 块扎成一捆。在卡车上码放整齐，运送目的地。若用小型铲草皮机可铲成宽 32 厘米左右，长 1 米左右的块，卷成筒状装车码放，比人工铲草皮省工、省时，但铲草机带土厚（1～2 厘米）。有条件的可采用大型起草皮机，一次作业可完成铲、切、滚卷并堆放在货盘上等工作，这种机械用于大面积草皮生产基地。

（引自：《草坪建植与养护》，鲁朝辉，2006）

**图 3-1 播茎法生产草皮**

草皮带土厚度要尽可能薄，以减少土壤损失，而且草皮重量轻，易搬动。草皮装载运至建坪现场后要尽早及时铺植，以免草皮失水，降低成活率。

（2）无土草毯的生产 无土草毯的生产程序：建隔离层→铺种网→铺基质→播种→覆盖基质→浇水→管理成坪。

隔离层应选用砖砌场地、水泥场地或用农膜，目的是使草坪根系与土壤隔开，便于起坪。种网可用无纺布、粗孔遮阳网等，网孔大小适中，且能在一年内分解，目的是使草坪草根系缠绕其上防止草毯破碎。培养基质要求质轻、蓄水蓄肥力强、取材方便、成本低，主要有锯屑、稻壳、农作物秸秆等，要堆沤腐熟并配以营养剂（一般使用草坪专用复合肥）。

无土草毯管理的关键是灌溉和施肥。要建立喷灌系统，播种至出苗阶段一定要保持基质呈湿润状态，出苗后适当蹲苗，以促进根系生长。施肥要坚持"少吃多餐"的原则，出苗前一般不施肥，出苗后视苗情隔 6~7 天追施专用肥一次，每次 10 克/平方米左右，也可用尿素或三元复合肥。

2. 铺植方法

（1）满铺法（密铺法）　满铺是将草皮或草毯铺在整好的地上，将地面完全覆盖，人称"瞬时草坪"，但建坪的成本较高，常用来建植急用草坪或修补损坏的草坪。可采用人工或机械铺设。

机械铺设通常是使用大型拖拉机带动起草皮机起皮，然后自动卷皮，运到建坪场地机械化铺植，这种方法常用于面积较大的场地，如各类运动场、高尔夫球场等。

用人工或小型铲草皮机起出的草皮采用人工铺植。从场地边缘开始铺（图 3-2），草皮块之间保留 1 厘米左右的间隙，主要是防止草皮块在搬运途中干缩，浇水浸泡后，边缘出现膨大而凸起。第二行的草皮与第一行要错开，就像砌砖一样（图 3-3）。为了避免人踩在新铺的草皮上造成土壤凹陷、留下脚印，可在草皮上放置一块木板，人站在木板上工作。铺植后通过滚压，使草皮与土壤紧密接触，易于生根，然后浇透水。也可浇水后，立即用锄头或耙轻拍镇压，之后再浇水，把草叶冲洗干净，以利光合作用。

如草皮一时不能用完，应一块一块地散开平放在遮阴处，因堆积起来会使叶色变黄，必要时还需浇水。

（2）间铺法　间铺是为了节约草皮材料。用长方形草皮块以 3~6 厘米间距或更大间距铺植在场地内，或用草皮块相间排列，铺植面积为总面积的 1/2。铺植时也要压紧、浇水。使用间铺法比密铺法可节约草皮 1/3~1/2，成本相应降低，但成坪时间相对较长。间铺法适用于匍匐性强的草种，如狗牙根、结缕草和剪股颖等。

（引自：《草坪建植与养护》，
鲁朝辉，2006）

（引自：《草坪建植与养护》，
鲁朝辉，2006）

**图3-2  从边缘开始铺植草皮**    **图3-3  品字形铺植草皮**

3. 铺植法建植草坪的特点

相对于播种法建坪，铺植法具有成坪速度快的优点。但播种材料用量大，运输费用多，另外还要有专门的草皮生产基地。

（1）**铺植时期**  黄河以北，可在当地的春季或雨季进行铺植法建坪。黄河以南五岭山脉以北的地区，暖地型草种以当地春季至雨季为佳，冷地型草种则分别以早春和夏末至中秋为好。五岭山脉以南全年可建立草坪，但以雨季为佳。

（2）**材料要求**  铺植材料（普通草皮或无土草毯）无论带土与否，都应选择纯净、均匀、生长正常、无病虫害、人工栽植的成坪幼坪。幼龄而生长正常的建植材料是铺植后迅速生长发育的内在因素。

（3）**成活管理**  铺植法建坪的关键是草皮的成活率，要为新铺植的草皮创造一个水、气、热协调的环境，尤其是土壤环境。铺设完毕，透水一次，以后土白即灌，少量多次，三片新叶后开始蹲苗。施肥、除杂草、病虫防治等与其他建植方式基本一致。

**（二）直栽法**

直栽法是种植草坪块的方法（图3-4）。最常用的直栽法是栽植正方形或圆形的草坪块．草坪块的大小约为5厘米×5厘米。栽植行间距为30～40厘米。栽植时应注意使草坪块上部与土壤表面齐平。结缕草常用此法建植草坪，其他多匍匐茎或强根茎的草坪草也可用此法建植。直栽法除了用在裸土建植草坪外，还可用于把新品种引入现有的草坪中。例如，用直栽法能把草地早熟禾草坪转变成狗牙根或结缕草草坪，通常转换过程非常缓慢。

塞植
草块

（引自：《草坪建植与养护彩色图说》，王彩云，2002）

**图3－4　直栽法建坪**

第二种直栽法是把草皮切成小的草坪草束，按一定的间隔尺寸栽植。这一过程可以用人工，也可以用机械完成。机械直栽法是采用带有正方形刀片的旋筒把草皮切成小块，通过机器进行直栽，这是一种高效的种植方法，特别适用于不能用种子建植的大面积草坪中。

**（三）插枝条**

枝条是单株草坪草或是含有几个节的植株的一部分，节上可以长出新的植株。插枝条法主要用来建植有匍匐茎的暖地型草坪草，如狗牙根、结缕草等，但也能用于匍匐翦股颖。

通常，把枝条种在条沟中，沟间距15～30厘米，深5～7厘米。每个枝条要有2～4个节。栽植过程中，要在条沟填土后使枝条的一部分露出土壤表面。枝条插完后要立刻滚压和灌溉，以加速草坪草的恢复和生长。也可以用上述直栽法中使用的机械来栽植枝条，它能够把枝（而非草坪块）成束地送入机器的滑槽内，并且自动地种植在条沟中。有时也可直接把枝条放在土壤表面，然后用扁棍把枝条插入土壤中。

**（四）播茎法**

播茎法是把草坪草的匍匐茎均匀地撒在土壤表面，然后再覆土和轻轻滚压的建坪方法（图3－5）。

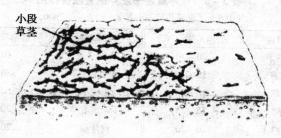

（引自：《草坪建植与养护彩色图说》，王彩云．2002）

**图3－5　播茎法建坪**

播茎法在南方地区建坪的过程中运用较多，主要适用于具有匍匐茎的草坪草，常用的草坪草有狗牙根、结缕草、翦股颖、地毯草等。匍匐茎上的每一节都有不定根和不定芽，在适宜条件下都能生根发芽，利用这一生物学特性，可以把草坪草的匍匐茎作为播种材料。播茎法具有取材容易、成坪快、成本低的优点，但种茎的贮运较种子贮运麻烦。

草茎长度以带2～3个茎节为宜，采集后要及时进行撒播，用量为0.5千克/平方米左右。一般在坪床土壤潮而不湿的情况下，用人工或机械把打碎的匍匐茎均匀地撒到坪床上，然后覆细土0.5厘米左右，部分覆盖草茎，或者用圆盘犁轻轻耙过，使匍匐茎部分插入土壤中。轻轻滚压后立即喷水，保持湿润，直至匍匐茎生根。

**二、播种法建檀草坪**

播种法建坪即用种子直接播种建立草坪的方法。大多数草坪草均可用种子直播法建坪。

**（一）播种时间**

草种的播种时间受气温的控制。因为在种子萌发的环境因子中，气温是无法人为控制的，而水分和氧气条件都可以人为控制。所以，只有温度决定草坪的播种时间。草坪草种子发芽适宜温度范围见下表（表3-6）。

表3-6 草坪草种子发芽适宜温度范围
（引自：《草坪栽培与养护》，陈志一，2000）

| 草坪草种 | 适温范围（℃） | 草坪草种 | 适温范围（℃） |
|---|---|---|---|
| 苇状羊茅 | 20~30 | 无芒雀麦 | 20~30 |
| 紫羊茅 | 15~20 | 沟叶结缕草 | 30~35 |
| 假俭草 | 20~35 | 黑麦草 | 20~30 |
| 羊茅 | 15~25 | 多花黑麦草 | 20~30 |
| 草地早熟禾 | 20~30 | 狗牙根 | 20~35 |
| 加拿大早熟禾 | 15~30 | 地毯草 | 20~35 |
| 普通早熟禾 | 20~30 | 两耳草 | 30~35 |
| 早熟禾 | 20~30 | 双穗雀稗 | 20~35 |
| 野牛草 | 20~25 | 百喜草 | 20~35 |
| 小糠草 | 20~30 | 结缕草 | 20~35 |
| 匍茎剪股颖 | 15~30 | 中华结缕草 | 20~35 |
| 细弱剪股颖 | 15~30 | 细叶结缕草 | 20~35 |

冷季型草坪草发芽温度范围为10~30℃，最适发芽温度20~25℃。所以冷季型草坪草适宜播种期为春季、夏末与秋季，但以夏末与初秋季最佳。此时气温适宜，杂草发生得相对少，对种子发芽和幼苗生长是有利的。

春季播种气温比夏末低，生长发育相对要慢，杂草发生严重，而且春季风多，易干旱，土壤易板结，所以春季播种要注意防杂草和经常灌溉，确保出苗。

播种最不宜的时期是仲夏，此时气温高，最不适宜冷季型草坪草的生长，草坪草易感病虫害。

暖季型草坪草发芽温度相对较高，一般为 20 ~ 35℃，最适温度为 25 ~ 30℃。所以暖季型草坪草一般在春末或夏初（6 ~ 8月）播种最适宜。在夏末或秋季（南方除外），由于温度太低，不利于种子发芽。

种子发芽取决于多种因素，如水分、草种、发芽率、每日的温度等。一般草坪草 4 ~ 30 天发芽（表3 – 7），平均 14 ~ 21 天。随后 6 ~ 10 周成坪。

表3 – 7 主要草坪草发芽所需时间
（引自《草坪养护问答300例》，宋小冰，2002）

| 品 种 | 出苗天数 | 品 种 | 出苗天数 |
|---|---|---|---|
| 早熟禾 | 6 ~ 30 | 硬羊茅 | 7 ~ 12 |
| 高羊茅 | 7 ~ 35 | 匍匐剪股颖 | 4 ~ 12 |
| 多年生黑麦草 | 3 ~ 7 | 雀稗 | 21 ~ 28 |
| 紫羊茅 | 5 ~ 10 | 野牛草 | 20 ~ 30 |
| 细弱匍匐剪股颖 | 4 ~ 12 | 地毯草 | 21 ~ 30 |
| 狗牙根 | 7 ~ 30 | 假俭草 | 14 ~ 20 |

**（二）播种量**

草坪种子的播种量取决于种子质量、混合组成、土壤状况以及草坪的功能要求等。总之，要根据实际情况，采用适宜的播种量，播量太大，造成浪费，过小，降低成坪速度，增加管理难度。

从理论上讲，每一平方厘米必须有一株存活苗，也就是每一平方米要有一万株存活苗。播种量确定的最终标准，是以足够数量的活种子确保单位面积上的额定株数，即每平方米 1 万 ~ 2 万株幼苗。种子即使发芽出苗，苗期还有 20% ~ 50% 的苗死亡，实际保苗率只有 50% ~ 80%。因此，实际有效的种子数 = 每克粒数×种子纯净度×种子发芽率×保苗率。实际播种量 = 理论播种量/（种子纯净度×种子发芽率）。以下是几种常用草坪草种的单播用种量（表3-8）以供参考。

表3-8　几种常用草坪草种单播种量参考值

（引自：《草坪建植与管理手册》，韩烈保，1999）

| 草　　种 | 正常播种量/（克/平方米） | 加大播种量/（克/平方米） |
|---|---|---|
| 普通狗牙根（不去壳） | 4～6 | 8～10 |
| 普通狗牙根（去壳） | 3～5 | 7～8 |
| 中华结缕草 | 5～7 | 8～10 |
| 草地早熟禾 | 6～8 | 10～13 |
| 普通早熟禾 | 6～8 | 10～13 |
| 紫羊茅 | 15～20 | 25～30 |
| 多年生黑麦草 | 30～35 | 40～45 |
| 高羊茅 | 30～35 | 40～50 |
| 剪股颖 | 4～6 | 8 |
| 一年生黑麦草 | 25～30 | 30～40 |

混播组合的播种量计算方法：当两种草混播时选择较高的播种量，再根据混播的比例计算出每种草的用量。例如，若配置90%高羊茅和10%草地早熟禾混播组合，混播种量40克/平方米。首先计算高羊茅的用量40克/平方米×90%＝36克/平方米；然后计算草地早熟禾的用量40克/平方米×10%＝4克/平方米。

（三）播种方法

播种有人工播种和机械播种两种方法。其中以人工撒播为主，要求工人播种技术较高，否则很难达到播种均匀一致的要求。人工撒播的优点是灵活，尤其是在有乔灌木等障碍物的位置、坡地及狭长的小面积建植地上适用，缺点是播种不易均一，用种量不易控制，有时造成种子浪费。

当草坪建植面积较大时，尤其是运动场草坪的建植，适宜用机械播种。常用播种机有手摇式播种机、手推式和自行式播种机。其最大特点是容易控制播种量、播种均匀，不足之处是不够灵活，小面积播种不适用。

**（四）播种步骤**

1. 播种要求

种子均匀分布在坪床中，深度 0.5～1 厘米。播种过深或加土过厚，影响出苗率，过浅或不盖土可能导致种子流失。

2. 播种步骤

（1）把建坪地划分成若干块或条。

（2）把种子也相应地分成若干份。

（3）把每份种子再分成 2 份，南北方向来回播 1 次，东西方向来回播 1 次。

（4）用细齿耙或钢丝（竹丝）扫帚轻捣，使种子浅浅地混入表土层。若覆土，所用细土也要相应地分成若干份撒盖在种子上。

（5）轻轻镇压，使种子与土壤紧密接触。

（6）浇水，用雾化程度高的喷头，避免种子冲刷。

3. 注意事项

（1）如果种子细小，可先掺细沙或细土，一定要混合均匀后再播。

（2）如果混播种子的大小不一致，可按种类分开，照上述办法分别进行。

（3）草种宜浅播，播种深度 1 厘米左右。

（4）播种后通常都要轻轻镇压，并覆盖。

（5）一般播前 1～2 天将坪床浇透水一遍，待坪床表面干后用钉耙疏松再播种，以增加底墒，播后浇水要适量、适时，避免种子冲刷或土壤板结。

**（五）镇压**

1. 镇压的目的

使松土紧实，提高土壤墒情，促进种子发芽和生根。

2. 镇压时间和方法

在土质较细尤其是北方地区或沙土地区，播种后浇水前即镇压，兼起盖籽作用。镇压可用人力推动重辊或用机械进行。辊可做成空心状，可装水或沙以调节重量。辊重一般 60 ~ 200 千克。

**（六）覆盖**

覆盖是种子播种建坪管理中的一项十分重要的内容。一般，覆盖前浇足水，待坪床不陷脚时再覆盖。但北方习惯在播后覆盖草帘或草袋，覆盖后再浇足水，经常检查土壤墒情，及时补水，以确保种子正常发芽所需的充足水分。南方播后很少覆盖，宜勤浇水，保持坪床呈湿润状态至出苗是关键。

1. 覆盖的目的

覆盖是种子播种建坪管理中的一项十分重要的内容。其目的是：稳定土壤中的种子，防止暴雨或浇灌的冲刷，避免地表板结和径流，使土壤保持较高的渗透性；抗风蚀；调节坪床地表温度，夏天防止幼苗暴晒，冬天增加坪床温度，促进发芽；保持土壤水分；促进生长，提前成坪。覆盖在护坡和反季节播种及北方地区尤为重要。

2. 覆盖材料

覆盖材料可用专门生产的地膜、无纺布、遮阳网、草帘、草袋等，也可就地取材，用农作物秸秆、树叶、刨花、锯末等。一般地膜用在冬季或秋季温度较低时。无纺布、遮阳网多用于坡地绿化，既起覆盖作用，又起固定作用。农作物秸秆覆盖后要有竹竿压实或用绳子固定，以免被风吹走。北方多用草帘、草袋覆盖。

3. 覆盖时间

一般早春、晚秋低温播种时覆盖，以提高土壤温度。早春覆盖待温度回升后，幼苗分蘖分枝时揭膜。秋冬覆盖，持续低温可不揭膜，若幼苗生长健壮并具有抗寒能力可揭膜。夏季覆盖（如北方地区）主要起降温保水等作用，待幼苗能自养生长时必须揭去覆盖物，以免影响光合作用，但不宜过早，以免高温回芽。护坡覆盖主要防冲刷、保水，若用无纺布、遮阳网的可不揭，以增加土壤拉力，防止冲刷。若用地膜覆盖也要据苗情、气温揭膜。覆盖前浇足水，待坪床不陷脚时再覆盖，以确保种子正常发芽所需的足够水分。

（七）浇水

出苗前种子吸足水后才能进行一系列的生理生化反应，才能生根发芽。种子发芽后，夏天若水分不足易回芽，严重时导致种子死亡。故播种出苗阶段以保持坪床土壤呈湿润状态为原则。一般播前24～48小时将坪床浇透水1遍，待坪床表面干后用钉耙疏松再播种，以增加底墒避免播后大量浇水造成冲刷和土壤板结。

北方习惯在播后覆盖草帘或草袋，覆盖后要浇足水（图3-6），并经常检查墒情，及时补水。南方在播后很少覆盖，宜勤浇水，保持坪床呈湿润状态至出苗是关键。

图3-6 播种后覆盖与浇水

### （八）苗期管理

草坪草出苗至成坪前的管理都属苗期管理范围。目的在于提高成坪速度和质量，同时降低管理费用。苗期管理主要包括以下措施。

**1. 追肥**

在施足基肥的基础上，草坪草出苗后 7～10 天，应及时首次施好分蘖、分枝肥。以速效肥为主。如尿素 10 克/平方米左右撒施，施后结合喷灌或浇水以提高肥效和防灼伤。第二、第三次分枝、分蘖肥视苗情而定。一般可结合首次、二次剪草后施用。追肥施用量宜少不宜多，以"少吃多餐"为原则。

**2. 灌溉、排水与蹲苗**

水、肥结合是促进分枝、分蘖的主要手段。而灌溉与蹲苗的结合，可协调土壤水、气，促进分枝、分蘖和根系的扩展，调整地上地下部的生长，并有利于预防病害。在具体做法上可灌透水 1 次，以不发生径流为度，任其自然蒸发，至 1/2 坪面土壤发白再行灌溉，至整个坪面土壤几乎变白，第三次灌溉。一直延续到成坪。若遇大雨则注意及时排水。

**3. 镇压、修剪**

镇压和修剪是对草坪营养器官进行调控的有效措施。一般在 2/3 的幼苗第三叶全展、定长时可开始第一次镇压。辊重 60～200 千克。镇压时土壤干、湿要适度。可掌握在土表由灰变白的过程中进行。以后每长一叶镇压 1 次。

首次剪草宜在幼坪形成以后及时进行，留茬高度因草种而宜，可取该草种留茬高度的下限。剪后施肥，浇水 1 次。待草坪覆盖度近 100% 时再修剪 1 次。留茬高度相同。以后转入正常养护管理。

**4. 培土、铺沙平整**

新建草坪的表土由于种种原因会继续产生不平，需重新培土、铺沙。也可用泥与沙（2～1）：1 的混合土填低拉平。每次培土、铺沙的厚度不能超过草坪草植株高度的1/3。

5. 草坪保护

（1）杂草防除　在草坪成坪前一般不用化学除草。若有少量杂草应随时人工拔除。如人工除草有困难，最早也要到草坪草幼苗第四叶全展后才能化学除草。

（2）病虫害防除　密切注意病虫害的发生情况，一有苗头及时对症用药。

播种法建植草坪的特点：用播种法建植草坪与其他建植方式相比较而言，具有工序简单，施工方便，成本较低，方法容易掌握，且播种材料易保管、运输等特点。但成坪时间较长，要掌握适宜播期、播量和关键的栽培技术。如西北、东北等北方地区夏季播种，播后覆盖，及时揭去覆盖物等环节是关键。长江以南地区掌握夏季（暖季型草坪草）和初秋（冷季型草坪草）播种，播后保持坪床湿润至出苗等环节是关键。条件许可，尽量用种子播种法建坪。

**三、植生带法建植草坪**

草坪植生带是指把草坪草种子均匀固定在两层无纺布或纸布之间形成的草坪建植材料。植生带法是草坪建植中的一项新技术，在北方应用较多，生产上已经工厂化。

植生带法的优点是：无须专门播种机械；铺植方便；适宜不同坡度地形；种子固定均匀；防止种子冲失；减少水分蒸发；等等。不足之处是：费用较高；小粒草坪草种子（如剪股颖种子）出苗困难；运输过程中可能引起种子脱离和移动，造成出苗不齐；种子播量固定，难以适合不同场合等。

1. 植生带的材料组成

（1）载体　目前利用的载体主要有无纺布、植物碎屑、纸载体等。原则是播种后能在短期内降解，避免对环境造成污染；轻薄，具有良好物理强度。

（2）黏合剂　多采用水溶性胶黏合剂或具有黏性的树脂。

可以把种子和载体黏合在一起。

（3）草种　各种草坪草种子均可做成植生带。如草地早熟禾、高羊茅、黑麦草、白三叶等。种子的净度和发芽率一定要符合要求，否则制作工艺再好，做出的种子带也无使用价值。

2. 加工工艺

目前国内外采用的加工工艺主要有双层热复合植生带生产工艺、单层点播植生带工艺、双层针刺复合匀播植生带工艺。近期我国推出冷复合法生产工艺。各种工艺各有优势和不足，目前都在改进和发展中。加工工艺的基本要求如下：①种子植生带的加工工艺一定要保证种子不受损伤，包括机械磨损、冷热复合对种子活力的影响，确保种子的活力和发芽率。②布种均匀，定位准确，保证播种的质量和密度。③载体轻薄、均匀，不能有破损或漏洞。④植生带的长度、宽度要一致，边沿要整齐。⑤植生带中种子的发芽率不低于常规种子发芽率的95%。

3. 植生带的贮存和运输

（1）库房要整洁、卫生、干燥、通风。

（2）温度 10~20℃，湿度不超过30%。

（3）植生带为易燃品，应注意防火。

（4）预防杂菌污染及虫害、鼠害对植生带的危害。

（5）运输中防水、防潮、防磨损。

4. 植生带的铺设技术

（1）整地要求　精细整地，做到地面平整、土壤细碎、土层压实，避免虚空影响铺设质量。

（2）植生带的铺设　将植生带展铺在整好的地面上，接边、搭头均按植生带的有效部分搭接好，以免漏播。然后在植生带上覆土，覆土要细碎、均匀，一般厚度为 0.5~1 厘米。覆土后用磙镇压，使植生带和土壤紧密接触。

（3）苗期管理　植生带铺设完毕后即可浇水。采用微喷或细小水滴设备浇水，做到喷水均匀，喷力微小，以免冲走浮土。每天喷水 2 ~ 3 次，保持地表湿润。至苗出齐后，逐渐减少喷水次数，并适当进行叶面追肥，以促壮苗，40 天左右即可成坪。

**四、喷播法建植草坪**

在高速公路和铁路建设中，或在露天矿的开采中，常常在路边和开采地形成裸露坡面。这些坡面坡度各异，易受水的冲刷或风蚀，引起水土流失、滑坡等生态问题。一般的草坪建植方法很难奏效，常用喷播法来建植草坪（图 3 - 7、图 3 - 8）。

图 3 - 7　草坪喷播作业

图 3 - 8　喷播法建植的草坪

喷播法建坪是一种用播种法建植草坪的新方法，是以水为载体，将草坪种子、黏合剂、生长素、土壤改良剂、复合肥等成分，通过专用设备喷洒在地表生成草坪，达到绿化效果的一种草坪建植方式。除坡体强制绿化外，喷播法也可用于机场等大型草坪的建植。

**（一）建坪地的处理**

在杂草多的地方，要进行化学除草，一般在播前一周采用灭生性的除草剂灭除杂草。喷播地段不陡的地方，可以进行耕作，但旋耕方向要与坡垂直，即沿等高线耕。

要填平较大的冲蚀沟，沙土多的地段要填土，以保证草坪生长的必要条件。在国外，在喷播之前，还先加网覆盖在斜坡表面，网每隔 50 厘米用木桩固定，防治土壤冲刷。天气干旱时，最好在播前喷一次水。

**（二）喷投设备**

喷播需要喷投设备（图 3–9），主要由机械部分、搅拌部分、喷射部分、料罐部分等组成，此外还要有运输设备。喷投设备一般安装在大型载重汽车上，根据不同的地形，选用不同的喷头。大型护坡工程或对草坪要求不高的草坪，可以选用远程喷射喷嘴，其效率高，但均匀性差；小块面积或对草坪要求高的草坪则采用扇形喷嘴或可调喷嘴，近距离实施喷植，其效率相对低但均匀性好。

**（三）草浆的配制**

1. 草浆要求

草浆要求无毒、无害、无污染、黏着性强、保水性好、养分丰富。喷到地表能形成耐水膜，反复吸水不失黏性。能显著提高土壤的团粒结构，有效地防止坡面浅层滑坡及径流，使种子幼苗不流失。

2. 草浆原料

草浆一般包括水、黏合剂、纤维、染色剂、草坪种子、复合肥等，有的还要加保水剂、松土剂、活性钙等材料。水作为溶剂，把纤维、草籽、肥料、黏合剂等均匀混合在一起。纤维在水和动力作用下形成均匀的悬浮液，喷后能均匀地覆盖地表，具有包裹和固定种子、吸水保湿、提高种子发芽率及防止冲刷的作用。纤维覆盖物都用木材、废弃报纸、纸制品、稻草、麦秸等为原料，经过热磨、干燥等物理的加工方法，加工成絮状纤维。纤维用量平地少、坡地多，一般为 60～120 克/平方米。黏合剂以高质量的自然胶、高分子聚合物等配方组成，要求水溶性好，并能形成胶状水混浆液，具有较强的黏合力、持水性和通透性。平地少用或不用，坡地多用；黏土少用，沙土多用。一般用量占纤维量的 3% 左右。染色剂使水和纤维着色，用以指示界线，一般用绿色，喷后很容易检查是否漏喷。肥料多用复合肥，一般用量为 2～3 克/平方米。活性钙用于调节土壤 pH 值。保水剂一般用量为 3～5 克/平方米。湿润地区少用或不用，干旱地区多用。一般根据地域、用途和草坪草本身的特性选择草种，采用单播、混播的方式播种。

**图 3-9　草坪喷播机**

3. 草浆配制

喷播时，水与纤维覆盖物的质量比一般为 30∶1。根据喷播机的容器量计算材料的一次用量，不同的机型一次用量不同，一般先加水至罐的 1/4 处，开动水泵，使之旋转，再加水，然后依次加入种子、肥料、活性钙、保水剂、纤维覆盖物、黏合剂等。搅拌 5～10 分钟，使浆液均匀混合后才可喷播。

**（四）喷播的过程**

喷播时水泵将浆液压入软管，从管头喷出，操作人员要熟练掌握均匀、连续喷到地面的技术，每罐喷完，应及时加进 1/4 罐的水，并循环空转，防止上一罐的物料依附沉积在管道和泵中。完工后用 1/4 罐清水将罐、泵、管子清洗干净。

喷播法建植草坪的特点：喷插法主要适用于公路、铁路的路基、斜坡、大坝护坡及高速公路两侧的隔离带和护坡进行绿化；也可用于高尔夫球场、机场建设等大型草坪的建植。这些地方地表粗糙，不便人工整地或机械整地，常规种植法不能达到理想的效果。喷播材料喷播到坪床后不会流动，干后比较牢固，能达到防止冲刷的目的，又能满足植物种子萌发所需要的水分和养分。喷播前有条件的要进行场地清理、耕作、施肥，并要浇足土壤水。喷播后幼苗期一般不需要浇水施肥。所以有人坚持认为喷播法是坡地强制绿化的唯一有效方法。但播后遇干旱、大雨，都会遭受很大损失，且播种方法比较粗放，要运用得当，尽量避免损失。

# 第四章　草坪的养护

## 第一节　施肥

施肥是培肥草坪土壤、满足草坪草正常生长发育需要和补充因修剪流失的草坪草养分的基本手段。因此，施肥对草坪草的生长和草坪的维护是必不可少的。

### 一、肥料

草坪草需要足量的氮、磷、钾肥料和钙、镁、硫、铁、钼等中、微量元素肥。这些营养元素对草坪草生长和草坪维持都有不可替代的作用，缺少其中任何一种，都会使植物的生长发育受到不同程度的影响，并在形态上表现出相应的症状（缺素症）。

### （一）氮肥

氮肥是草坪管理中应用最多的肥料。氮肥施用量常根据草坪色泽、密度和草屑的积累量来定。色泽褪绿转黄且生长稀疏、长满杂草的草坪，生长缓慢、草屑量很少的草坪需要补氮。一般说来，每个生长季冷地型草坪草的需氮量为 20~30 克/平方米，改良的草地早熟禾品种与坪用型多年生黑麦草需氮量较此值稍高，而高羊茅和细羊茅略低些。暖地型草坪草较冷地型草坪草的需氮范围要宽。改良狗牙根需氮量最高，通常为 20~40 克/平方米，假俭草、地毯草平均需要 10~20 克/平方米结缕草和钝叶草居中。施肥时如选用的是速效氮肥，一般每次用量以不超过 5 克/平方米为宜，并且施肥后立即灌水。但如果选用缓效氮肥，一次用量则可高达 15 克/平方米。草坪使用强度也会影响施氮量。对于低养护管理要求的草坪每年施肥量要低得多。表 4-1

为草坪的建议施氮量。

表 4-1　不同草坪草种形成良好草坪所需氮量比较

| 冷地型草种 | 年需氮量（克/平方米） | 暖地型草种 | 年需氮量（克/平方米） |
|---|---|---|---|
| 细羊茅 | 3.0~12.0 | 普通狗牙根 | 15.0~30.0 |
| 高羊茅 | 12.0~30.0 | 改良狗牙根 | 21.0~42.0 |
| 一年生黑麦草 | 12.0~30.0 | 结缕草 | 15.0~24.0 |
| 多年生黑麦草 | 12.0~30.0 | 沟叶结缕草 | 15.0~24.0 |
| 草地早熟禾 | 12.0~30.0 | 假俭草 | 3.0~9.0 |
| 普通早熟禾 | 12.0~30.0 | 野牛草 | 3.0~12.0 |
| 细弱翦股颖 | 15.0~30.0 | 地毯草 | 3.0~12.0 |
| 匍茎翦股颖 | 15.0~39.0 | 钝叶草 | 15.0~30.0 |

### （二）磷、钾肥

在草坪施肥中，磷肥和钾肥的施用量常根据土壤测试来确定。磷肥（$P_2O_5$）的施用对于众多成熟草坪来说，每年施入 5 克/平方米即可满足需要。但是对于即将建植草坪的土壤来说，可根据土壤测试结果适当提高磷肥用量，以满足草坪草苗期根系生长发育的需要，以利于快速成坪。在一般情况下，推荐施肥中 N、$K_2O$ 之比经常选用 2∶1 的比例，除非测试结果表明土壤富钾。为了增强草坪草抗性，有时甚至采用 1∶1 的比例。春季（3~4 月份）施用含氮高、含磷高、钾中等的复合肥，可采用 2∶2∶1 的比例，施用量为每平方米 3 克纯氮，施后灌溉。灌溉量要小。7 月、8 月份应减少施肥量。如需要，可施用含氮低、含磷低、含钾中等的复合肥，可采用 1∶1∶2 的比例，施用量为每月每平方米不超过 0.5 克纯氮，施后灌溉。秋季是一年中施肥量最多的季节。施肥促进草坪恢复，施用量可为 4 月份的 2 倍。晚秋施肥可增加草坪绿期及提早返青。

### （三） 微量元素肥料

微量元素肥料在草坪草组织测试未发现缺乏时很少施用（除铁外），但在碱性、沙性或有机质含量高的土壤上易发生缺铁。草坪缺铁可以喷 3% $FeSO_4$ 溶液，每 1～2 周喷施一次。如滥用微量元素化肥即使用量不大也会引起毒害，因为施用过多会影响其他营养元素的吸收和活性的大小。通常，防止微量元素缺乏的较好方式是保持适宜的土壤 pH 值范围，合理掌握石灰、磷酸盐的施用量等措施。

其实，草坪草的必需营养元素以多种形式存在于肥料中。肥料的品种不同，其养分种类与含量、理化性状、适用对象及施用方法、施用量也不一致。如果施用不当，不仅造成浪费，而且可能引起肥害和土壤的劣变。因此，施用时应根据需要加以选择。

### 二、施肥时期

合理的施肥时间与许多因素相关联，例如，草坪草生长的具体环境条件、草种类型以及以何种质量的草坪为目的等等。

施肥的最佳时期应该是温度和湿度最适宜草坪草生长的季节。不过，具体施肥时期，随草种和管理水平不同而有差异。全年追肥一次的，暖地型草坪以春末开始返青时为好，冷地型草坪以夏末为宜。追肥两次的，暖地型草坪分别在春末和仲夏施用，以春末为主，第一次施肥可选用速效肥，但夏末秋初施肥要小心，以防止寒冷来临时草坪草受到冻害；冷地型草坪分别在仲春和夏末施用，以夏末为主，仲夏应少施肥或干脆不施，晚春施用速效肥应十分小心，这时速效氮肥虽促进草坪草快速生长，但有时会导致草坪抗性下降而不利于越夏。对管理水平高、需多次追肥的草坪，除春末（暖地型草坪）或夏末（冷地型草坪）的常规施肥以外，其余各次的追肥时间，应根据草情确定。

### 三、施肥方法

草坪的施肥方法可分为基肥、种肥和追肥。基肥以有机肥为主，结合耕翻进行；种肥一般用质量高、无烧伤作用的肥料，要少而精；追肥主要为速效的无机肥料，要少施和勤施。

肥料施用大致有人工施肥（撒施、穴施和茎叶喷洒）、机械施肥和灌溉施肥三种方式。不论采用何种施肥方式，肥料的均匀分布是施肥作业的基本要求。人工撒施是广泛使用的方法；液肥应采用喷施法施用；大面积草坪施肥，可采用专用施肥机具施用。

**（一）颗粒撒施**

一些有机或无机的复混肥是常见的颗粒肥，可以用下落式或旋转式施肥机具进行撒施（图 4 - 1）。在使用下落式施肥机时，料斗中的化肥颗粒可以通过基部一列小孔下落到草坪上，孔的大小可根据施用量的大小来调整。对于颗粒大小不均的肥料应用此机具较为理想，并能很好控制用量。但由于机具的施肥宽度受限，因而工作效率较低。旋转式施肥机的操作是随着人员行走，肥料下落到料斗下面的小盘上，通过离心力将肥料撒到半圆范围内。在控制好来回重复的范围时，此方式可以得到满意的效果，尤其对于大面积草坪，工作效率较高。但当施用颗粒不均的肥料时，较重和较轻的颗粒被甩出的距离远近不一致，将会影响施肥效果。

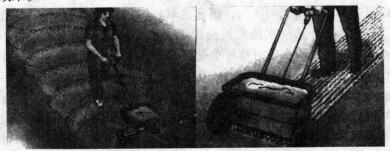

**图 4 - 1　下落式与旋转式施肥机具**

**（二）叶面喷施**

将可溶性好的一些肥料制成浓度较低的肥料溶液或将肥料与

农药一起混施时，可采用叶面喷施的方法。这样既可节省肥料，又可提高效率。但溶解性差的肥料或缓释肥料则不宜采用。

**（三）灌溉施肥**

经过灌溉系统将肥料与灌溉水同时经过喷头喷施到草坪上。

# 第二节　灌溉

草坪草组织是由 80% ~ 90% 的水分组成，含水量下降会引起草坪草萎蔫，如果含水量降至 60% 时，草坪草就会死亡。在我国，只有极少数地区的天然降水量比较充足、分布也比较适中，可以基本满足草坪对水分的需求，而大部分地区则必须进行灌溉。同时，我国淡水资源比较贫乏，淡水不足的矛盾在植物生长中表现得十分突出。草坪管理人员必须了解水、土壤、植物三者间的关系，才能有效地利用有限的水资源，达到既节约用水，又满足草坪草对水分的需求，取得较好的管理效果。

草坪草生长发育的各种生理代谢都离不开水的参与。草坪草主要通过根系从土壤中获得水分。水进入植物体后在蒸腾拉力的作用下经木质部向上运输，满足草坪草植物体生理代谢的需要并通过叶片的气孔散失到外界环境中，蒸腾耗水体现了草坪草对水分的需求量（图 4 - 2）。

了解水在土壤、植物、大气中的运动变化规律，对于指导灌溉、充分利用水资源是非常重要的。大雨或灌溉后，土壤表层所有的空隙都充满了水，这时的土壤水分达到饱和状态。但不久水就会在重力作用下，沿土壤中大孔隙向下移动。如果土壤质地细或结构紧实，渗透作用不好，水就会形成地表径流流失掉或形成积水。水从上层土壤完全渗漏后，土壤含水量达到田间持水量。土壤上层的水保留在小孔隙里，成为土壤颗粒周围的水膜。此时土壤含有植物可以利用的最大量水分。随后由于蒸散作用土壤含水量下降到田间持水量以下。土壤水分 85% 的损失是由于蒸发

降水+灌溉　　蒸发+蒸腾

草坪可利用水分库

排水　　毛管水

**图 4 - 2　草坪水分平衡示意图**

引起的。由于这些损失，可利用的水量连续减少，直到下雨或灌溉后，土壤含水量再增加为止。

　　土壤持水能力和质地也有直接的关系。作为一般的规律，黏土的持水量约为壤土的 2 倍，沙土的 4 倍或更多。在生长季节，生长在粗质地土壤上的草坪比细质地土壤上的需水量大，因为它排水和蒸发失水都比较多。

## 一、灌水时间

### （一）确定草坪是否需要灌水

1. 植株观察法

　　当缺水时，草坪首先出现膨压改变征兆，表现出不同程度的萎蔫，进而失去光泽，变成青绿色或灰绿色，此时需要灌水。

2. 土壤含水量检测法

　　用小刀或土壤探测器分层取土。当新建草坪地表 2～5 厘米的土壤完全干燥；成熟草坪土壤上层干至 10～15 厘米时，草坪就需要灌水。

3. 土壤含水量速测法

　　用土壤水分速测仪快速测定根层土壤含水率。当土壤含水率小于田间最大持水量的 70% 以下时就应尽快灌水。

4. 蒸发器法

当放置在草坪上的蒸发器中的水分减少 25% ~ 35% 时则需立即灌水。

**（二）一天中最佳灌水时间**

一天之中，何时灌溉要根据灌溉方式来确定，如果应用间歇喷灌（雾化度较高），顶着太阳灌溉最好。不仅能补充水分，而且能明显地改善小气候，有利蒸腾作用、气体交换和光合作用等，有助于协调土壤水、肥、气、热，利于根系及地下部营养器官的扩展。若用浇灌、漫灌等，需看季节，晚秋至早春，均以中午前后为好，此时水温较高灌后不伤根，气温也较高，可促进土壤蒸发、气体交换，提高土温，有利于根系的生长。夏季则以晨昏为好，特别是黄昏浇水，水的利用率高，草坪生长快。但草坪整夜处于潮湿状态，易引起病害，对草坪造成伤害，一般认为以早晨灌溉为宜。

在具体时间的安排上，应根据气温高低、水分蒸发快慢、水源的供给或其他条件来确定，气温高，蒸发快，则浇水时间可晚些，否则宜早些，做到午夜前草坪地上部茎叶能处于无明水状态为准，防止草坪整夜处于潮湿状态导致病害发生，还可采用诸如经常向草坪喷施杀真菌剂的预防措施，施行晚上浇水。晚上浇水除具有灌水蒸发损失量小的优点外，还为排水提供了较长的时间，有利于第 2 天草坪草的利用。

**二、灌水量**

**（一）影响因素**

影响草坪每次灌水量的因素很多。它受草种和品种、土壤质地、养护水平、气候条件等多个因子的影响。

1. 草种和品种

不同的草坪草种或品种需水量不同，一般暖季型草坪草比冷季型草坪草需水量少，因为暖季型草坪草的光合系统效率高，而且根系比冷季型草坪草发达，对逆境的抗性强。

根系发达的草坪草种耐旱性强，由于根系分布广，能够更大范围地吸收水分和养分。如冷季型草坪草苇状羊茅根系发达，比其他冷季型草坪草更适应干旱的气候。一般多年生草坪草根系深又强壮，比一年生草坪草更能适应较长时间的干旱逆境。

2. 土壤质地

不同质地的土壤需水量不同，一般情况下，黏土的持水量约为壤土的 2 倍，沙土的 4 倍或更多。但黏土的排水性差，渗透率（土壤吸收水分的速率，又称吸收力）低，所以壤土是比较理想的土壤质地。

3. 养护水平

同样的草坪草种，养护水平高的，灌水量大，草坪草生长较好。例如：高尔夫球场的果岭地带，养护精细，修剪频率高，留茬高度低，施肥较多，这样使得草坪草根系分布浅，灌水量也较大。

4. 气候条件

我国幅员辽阔，各地气候条件差异较大，南方降雨量大，北方则普遍干旱。不同的季节降水也不均匀，因此，不同的气候条件下，不同的季节里，草坪的蓄水量也不同，需要根据具体情况合理地制定灌溉计划，正确地灌水。

**（二）灌水量的确定**

1. 蒸散决定灌水量

蒸散指单位面积草坪绿地在单位时间内通过植物蒸腾和地表蒸发损失的水分总量。是决定植物需水量的关键因素，利用蒸散来确定草坪灌水量已得到广泛接受。利用这种方法需要测定两个数据：圆桶蒸发量和作物系数（$Kc$）。圆桶蒸发量乘以作物系数即可得到蒸散的较准确的估计，公式如下：

$ET$ 草坪 ＝（$Kc$）×圆桶蒸发量

圆桶蒸发量是通过一个敞开的装满水的圆桶测得的蒸发量，这种圆桶是专门为气象站设计的，许多私人气象站和高尔夫球场也用来监测当地的气象状况。而作物系数（$Kc$）是一个小于1.00的小数，因草种、生长季节和地区而异，需要经实验来确定。

例如：某地区狗牙根草坪的作物系数是0.6，测得圆桶蒸发量为5.72厘米/周，则：

$ET$ 草坪 = $0.6 \times 5.72 = 3.432$（厘米/周）

也就是说，这块草坪每周理论上需要3.432厘米的水，才能满足蒸发蒸腾的水分消耗。既包括降水也包括灌水，具体的灌溉量还需要根据实际情况和工作经验决定。

2. 检查土壤确定灌水量

在没有测定蒸散条件的情况下，检查土壤充水的深度是确定实际灌水量的有效方法。当土壤湿润到10～15厘米深时（有时会更深些，以根层的深度为准），草坪草可获得充足的水分供给。在实践中，草坪管理人员可在已定的灌溉系统下，测定灌溉水渗入土壤额定深度所需时间，从而用控制灌水时间的长短来控制灌水量。

一般在生长季节，草坪每次灌水量需要湿润到土层10～15厘米，在草坪草生长季内的干旱期，为保持草坪鲜绿，大概每周需补充3～5厘米的水分。在炎热和严重干旱的情况下，旺盛生长的草坪每周约需补充6厘米或更多的水分。

如果土壤保水性能差则少量多次，每次补充2～3厘米就可以，但灌水次数要增加。沙土每周应浇水2次，每3～4天浇每周需水量的一半。如果一次灌溉很多的水，大量的水会渗漏到根层下面，造成浪费。

3. 利用容器测定灌水量

在一定的时间内，计量每一个喷头的供水量。离喷头不同的距离至少应放置4个同样直径的容器，1小时后，将所有容器的水倒在一个容器里，并量其深度，然后以厘米为单位，深度数除以容器数，来决定灌溉量。例如，使用5个容器，收集的总水量是 6.35 厘米，则灌溉量为每小时 1.27 厘米。

由于黏土或坚实土壤及斜坡上水的渗透速度缓慢，很容易发生径流。为防止这种损失，喷头不宜长时间连续开动，而要通过几次开关，逐渐浇水。

### 三、灌水方法

#### （一）地面灌溉

地面灌溉常采用大水漫灌和用胶管浇灌等多种方式。这种方式常因地形的限制而产生漏水、跑水和不均匀灌水等现象，对水的浪费也大。而且往往由于不能及时灌水、过量灌水或灌水不足，难以控制灌水均匀度，对草坪的正常生长产生不良影响。

#### （二）叶面喷水

叶面喷水是对草坪进行短时间的浇水。目的在于补充草坪草水分亏缺、降低植物组织温度和除去叶子表面的有害附着物。

叶面喷水的用水量很少，一般在中午草坪刚刚发生萎蔫时进行。通常，每天喷 1 次水就足够了。但在极端条件下，如夏天烈日炎炎的中午，应增加喷水的次数。高强度修剪的草坪如高尔夫球场的果岭，通常在清晨喷水，冲洗掉露水和叶尖吐水。轻度喷水使叶面洁净而容易变干，减少了病害的发生，从而保证了修剪的质量。近些年来，在高尔夫球场的果岭管理中，清晨喷水已基本上取代了以前用拖绳和拖杆去水的老办法。主要原因是喷水的效率高并且很经济。

叶面喷水是草坪建植过程中的重要环节。为了避免脱水，对刚刚种植的草坪包括草皮、种子、插枝等喷水，直到根系下扎。建植后 1~3 周内，每天喷一次到几次水是必需的。而后灌溉的频率应减少，增加每次浇水的强度，直到完全成坪。

另外，草坪草遭受病虫害时，喷水有助于草坪草的存活和恢复。夏季斑病会破坏草坪草的根系，使其地上部枯萎，同样蛴螬啃食草根，也会降低其吸水的能力。喷水对于受损的草坪群体发育新根，恢复正常生长是非常重要的。

### （三）地下灌溉

顾名思义就是在地下进行灌溉。将具有狭缝或小孔的小塑料管或陶瓷管埋入根层内，灌溉水经过这些小孔进入土壤。因为浇水时没有大气蒸发，所以地下灌溉系统减少了水的损失。还可以将塑料片放在根系层下面，以防止水向土壤更深层渗透。在水源紧张的地区，地下灌溉系统使用较普遍。

### （四）喷灌

在草坪管理中，最常采用的是喷灌。喷灌不受地形限制，还具有灌水均匀、节省水源、便于管理、减少土壤板结、增加空气湿度等优点，因此，是草坪灌溉的理想方式。

# 第三节　修剪

修剪是草坪管理中工作量最大的一项作业，修剪的高度及频率直接影响施肥、灌溉的频率与强度。修剪强烈地抑制草坪草地上部极其顶端生长，促进分枝或分蘖，能协调地上与地下的生长发育，还可以消减相当数量的杂草。一定意义上来说，剪草才能体现和维持草坪与草地的区分。要维持草坪枝叶层良好的外观，又要提高枝叶层的光能利用效率，有经验的草坪管理者是通过观察枝叶层的生长状况，用修剪来调节和控制的。长时间的实验和观察分析是取得这一经验的关键。

### 一、修剪高度和频率

修剪高度即留茬高度，主要由两个因素决定，一是草种，二是长势。草种决定留茬范围，长势则在该范围内决定实际留茬高度，一般生长越旺，留茬应较低，反之应较高。修剪一般遵循"1/3 原则"，即每次修剪时，剪掉的部分不能超过草坪草茎叶自然高度的 1/3。

修剪频率是指一定时期内草坪修剪的次数。而修剪周期则是指连续两次修剪之间的间隔时间。修剪频率取决于修剪高度，何时修剪则由草坪草生长速度来决定，而草坪草的生长速度则随季节和天气的变化而发生变化。冷季型草坪草在春季生长较快，夏天生长慢，秋季生长适中，因此冷季型草坪在春季隔 10～15 天修剪一次，4～6 月份期间要修剪 6～10 次；在夏季 7～8 月份修剪 4～6 次；在秋季 9～10 月份修剪 3～4 次，全年共需修剪 15～20 次。相反暖季型草坪草夏天生长最快。修剪得越低，修剪的频率越高。一个修剪高度 5 厘米的庭院草坪，一般需要一周修剪一次。修剪高度为 0.4 厘米的高尔夫球场果岭草坪草几乎需要天天修剪，而设施草坪一年中仅需要修剪 1～2 次。

## 二、特需剪草

1. 草坪返青期（冬休眠或夏休眠后）的第一次剪草

这次剪草的成功为一年的草坪景观、平整度、匀度、长势等打下了基础。由于此时萌发不久的草坪草，以至整个草坪的高度较低，且因越冬或越夏，再生部位有所降低，储藏器官内积累的养分和能量均较多，此次剪草取适宜留茬高度的低限。

2. 越冬或越夏

适当提高留茬高度，少剪 1～2 次。

3. 失剪后的补救

自然的（如阴雨）和人为的原因所导致的剪草失时，称为失剪。失剪草坪的高度均超过常规剪草高度，此时可进行留茬适度低限剪草，剪后施以肥水，恢复景观。但在严重失剪已殃及地下营养器官时，应取两至多次剪草，逐步降低到规定留茬高度的低限。

4. 间歇剪草

即将一块草坪先间隔地剪 1/2，间歇一定天数，再剪另外的 1/2，形成色彩一深一浅的条纹草坪。

## 三、剪草机械及其选择

剪草机以刀具分，主要有"滚刀型"和"旋刀型"两大类。滚刀型剪草机，其刀具由一片定刀和一个滚刀组成，是目前剪草质量最好的刀具，草高 3～80 毫米是适宜剪草范围，是高质量草坪必备的剪草机。旋刀型剪草机，其刀具为一圆形定刀和一个旋刀组成，但只适宜于 25～80 毫米范围内剪草。由于保养方便，价格较便宜，是目前使用最普遍的剪草机。

**四、剪草方向**

由于修剪方向的不同，草坪茎叶的取向、反光也不相同，因而产生了像许多体育场见到的明暗相间的条带，由小型剪草机修剪的果岭也呈现同样的图案。按直角方向一横一纵修剪可形成像国际象棋盘一样的图案，可增加果岭的美学外观。即使一般的庭院草坪用小型滚刀式剪草机修剪，几天内也可同样保持这种图案。

为了保证茎叶向上生长，每次修剪的方向应该改变。在球洞区上长期沿一个方向修剪，可造成茎叶横向生长，形成纹理，严重的情况下，可影响球洞区推球质量。转换剪草方向是防止球洞区形成的主要方法。不改变修剪方向可使草坪土壤受到不均匀挤压，甚至出现车轮压槽。不改变修剪路线，可使土壤板结，损伤草坪草。修剪时要尽可能地改变修剪方向，使草坪上的挤压分布均匀，减少对草坪草的践踏。

**五、草屑处理**

一般剪草后留下的草屑都及时清除出草坪，可以作为堆肥的原料或作为饲料（需无机油等污染）。据调查，通过草渣或草渣堆肥反馈给草坪的养分为 25%～40%，而且 N、P、K 等各种营养元素齐全，还有利于草坪预防病虫害。若草渣很短，天气干燥，可在修剪时任其散落于草坪中，直接作为肥料。但草渣较长，则切忌如此，一则难于腐烂，影响草坪质量和草坪草生长，二则易引发病虫害。

# 第五章 常见草坪的建植与养护

## 第一节 足球场地草坪的建植与养护

### 一、足球场草坪对建植技术的要求

足球场草坪是足球运动的"舞台",是进行激烈运动竞技比赛的场地,其技术水平比一般草坪绿地为高,其建植技术也独具特点。

#### (一) 对坪床的要求

坪床材料的配比原则是防止土壤板结,避免土壤过分黏重和紧实;有良好的保水、保肥能力和物理性状,有适宜草坪草健壮生长的肥力基础,包括有机质、N、P、K 大量元素和必需的微量元素,一次应施足 2~4 千克/平方米腐熟的有机肥为基肥,播种时土壤干燥;有适宜草坪草健壮生长的 pH 值范围,pH 值应尽量接近 5.0~6.5;有适宜草坪草根系生长发育的土层厚度,不含杂草、病原物、没有污染的各种填充材料,要彻底清除高等植物体及其种子和砖石等杂物,必要时对土壤进行药物处理以杀灭病、虫害污染源;要求床面平整;床土细碎、干净、紧实;底肥足。土壤以矿物颗粒比较细、黏土含量较高的轻沙壤为佳。

种床材料的配比和结构是草坪生长存活的基础,因此这项工作十分重要,要认真细致地做好。

#### (二) 对草种选配的要求

草种选择是草坪建植成败的关键。运动场草坪在草种选择方面要根据不同功能,不同气候带进行选择。其标准是:具有发达的根系和地下根茎,以保证草坪运动场的密度和地上草坪受损后的恢复能力；具有较强的分蘖能力或发达的地上匍匐茎，以保证草坪较好的密度；叶片短小、密集、草丛结构紧凑，叶片有适宜的硬度和弹性，使建成的草坪具有较好的弹性和耐磨性；绿色期长，可增加草坪运动场使用量；抗逆性强，可减小不利的环境因素对草坪的伤害；适应性强，适宜栽培的生态幅度大，利用范围广；选择抗病品种，减少病害的发生和管理难度；选择长期、多年生草种，增加草坪的使用年限；考虑种苗的来源和价格，尽量选择质优价廉的草种，以降低成本。

在我国南方，像狗牙根类、结缕草类、地毯草、多年生黑麦草等比较适合建坪；北方则以草地早熟禾、紫羊茅、高羊茅、结缕草、多年生黑麦草等混播建坪为佳。

**二、具体建植步骤**

1. 准备坪床

（1）清杂　包括两个方面：一是清理施工中遗留的碎石、瓦砾、混凝土等垃圾；二是深翻土壤清除杂草根茎，杂草多时先浇水翻地，待杂草种子萌发出土后翻压或用农达水剂、扑草净等除莠剂轮流进行消除，重复 2～3 次，基本上能消除一年生及多年生杂草，对于顽固性杂草如锦葵、灰绿藜等则只能进行人工拔除。

（2）平整及土壤改良　在土层薄的地方覆盖黄土并增施土壤改良剂黄沙 60%～75%，再翻耕耙细整平坪床，将复合肥 15 克/平方米、尿素 10 克/平方米、腐熟羊粪（或猪粪）500 克/平方米进行混合，均匀撒施在坪床上，然后耕翻埋压入土壤中 15～20 厘米深。

（3）整修　为了使草坪绿地整齐美观，根据地形将苗床修整为不同的几何形状；同时要形成不小于 2% 的坡度，以利于喷灌和排水。

（4）镇压　为了使草坪绿地表面平整划一，铺设前要用石碌等工具进行镇压，压力应与土壤硬度相应，大则大，小则小，但最大不得超过 2 吨。

2. 准备植生带草坪

植生带草坪可以选择现有的特制足球场草坪植生带，也可以选择草种制成。

（1）选择植生带草坪　可以选择特制足球场草坪植生带产品，其特点是施工简便、出苗率高、场地综合适应性强、成坪美观快速绿期长，特别添加高档耐磨损、耐践踏品种混播。能够精心满足运动场地训练比赛活动要求。该产品具体特点如下：

①带基：使用自行开发的改进型专用木浆纤维复合带基，可根据不同用途场地进行优选配置。

②草种：根据不同使用场地独特配比，精选高档品种混播，添加其他有效成分，提高了适应性和抗性、增长绿期。

③工艺：采用自行开发全套生产工艺，更加科学合理。

④加工：工厂化生产，全过程加工，保障产品质量。

（2）植生带的制作　可以选择纳苏早熟禾、猎狗5号高羊茅、艾德王多年生黑麦草三个草品种，按5：4：1的比例混合，制成无纺布植生带。一般情况下种子用量为：早熟禾9.1克/平方米，高羊茅7.28克/平方米，黑麦草1.82克/平方米，三者总计为18.2克/平方米。

3. 建植草坪

（1）建植方法

①植生带草坪建植前，准备好一定数量的覆盖用土，备土量为每100平方米植生带0.4~0.6立方米；以沙壤质的生土为好，如质地黏重则需按3：1的比例掺入细沙；不能使用耕作土或垃圾土作为覆盖用土，防止杂草种子侵入。

②铺前2~3天进行坪床浇灌，保证土壤墒情。在人能进入苗床后再次进行松耙平整，然后就可将植生带自然、平整地铺于坪床；植生带与植生带交接处要有3~4厘米的重叠，以免出现漏铺现象。在相邻的植生带之间，用8号铅丝制成的U形钉子进行固定，U形钉子间距则根据当地风力大小而定，以植生带不

让风刮起为宜。

③植生带铺好后，在其上均匀地撒上厚度为 0.3～0.5 厘米的覆盖土，再充分压平，使植生带与土壤紧密结合，避免虚空影响建坪质量。

（2）建植时间 植生带草坪绿地的建植，在春、秋两季均可进行。当日均温稳定通过 5℃时即可开始春季草坪建植；在日均温≥10℃时，7～10 天小苗即可出土。秋季建植应选在早秋，时间过晚，植株过于幼小、营养物质储备不足，造成越冬困难，第二年容易出现严重的缺苗现象。尽量避免在盛夏建植草坪，此时日照强、温度高，易造成干旱或幼苗灼伤。

**三、足球场草坪的养护**

**（一）修剪**

适当的修剪可使草坪保持良好密度、控制杂草、减少病害、维持球场的使用性状。修剪不当也会削弱草坪草的生机，造成衰败。

1. 修剪高度

新建球场草坪草出苗以后，当苗期草坪草长到 10 厘米时应进行修剪（修剪量为 3～4 厘米之间）。值得注意的是，为保证以后成型草坪的适宜高度，第一次留茬高度不宜太高。但是不同草坪草的留茬高度并不相同（表 5－1），连续几次的过低修剪会导致草坪草的死亡。修剪应严格遵守 1/3 原则，注意不同草坪草及不同运动场的留茬高度不同。足球场草坪的高度一般保持在 2～4 厘米。

表 5－1 不同草坪草的适宜修剪（留茬）高度

| 草种 | 修剪高度（厘米） | 草种 | 修剪高度（厘米） |
|---|---|---|---|
| 草地早熟禾 | 2.5～5.0 | 剪股颖 | 0.5～1.3 |
| 高羊茅 | 3.5～5.0 | 狗牙根 | 1.3～2.5 |
| 多年生黑麦草 | 2.5～5.0 | 结缕草 | 2.0～3.5 |

## 2. 修剪频率

修剪频率因植株的生长速度而异，春秋大约每周修剪一次，夏季生长旺期每周需 2 次。据观测，每剪出草坪草 100 千克（鲜草）要消耗 0.5 千克氮素。在生长旺期每次追施尿素 10 克/平方米，经过 4 次修剪便将所施尿素消耗完，草色由深绿变为淡绿。

## 3. 修剪机械

修剪机械多用宽幅驾驶式旋转剪草机，要求刀片锋利，修剪后草茬无拉伤现象。利用剪草机运行方向变化可使足球场形成不同的花纹。修剪出的草屑要运出场外进行处理。遗落在草坪上的草屑或尘土可用吸收式捡拾机（清扫车）进行清理。

## 4. 矮化处理

为减少修剪作业次数和肥料消耗，可施用植物激素来抑制草坪草生长，常用的有 40% 乙烯利水剂、50% 矮壮素水剂和 80% 矮壮素水溶性粉剂。施用量和方法按使用说明执行。

### （二）施肥

施肥是保持足球场草坪品质的重要措施，施肥的种类和数量要依当地气候、土壤、草种、使用强度和修剪频率而定。气温高、湿度大，草坪草生长快，需肥多；反之，需肥较少。

施肥应施用全价平衡肥料，生长季节以氮肥、磷肥、钾肥为主，高温季节以钾肥为主，春秋以复合肥和氮肥为主。在生长季施 3～5 次，10～20 克/平方米，其中纯氮 3～5 克。使用强度大、草坪草损伤重的情况下要求的养料多，应增加施肥次数。对于高强度使用的沙质足球场草坪，每年大约需氮 60 克/平方米，磷 8 克/平方米，钾 33 克/平方米，即尿素约 100 克/平方米，复合肥 300 克/平方米，表施肥土（土∶沙∶有机肥＝2∶2∶1）5～7 千克/平方米。施肥以缓释肥为主，普通化肥不要在高温季节使用，特别是过量的氮素肥料，在高温条件下容易烧伤草坪草的地上器官以及引发一些腐霉病害。土壤酸性的球场除补充 N、P、K 等营养元素外，应定期追施石灰粉或 $CaSO_4$。

### （三）灌水

对于足球场草坪，要保持其优良品质，必须适时补充土壤水分。尤其在干旱地区高温期，没有充足的水分，草坪草难以生长。施肥结合灌水，能使肥料溶解渗入植物根系生长的土层。此外，灌水还能清洗植物体表和叶面，增强吸收光能的效率。

灌水一般在早晨进行，或者在每次施肥之后马上进行，以免烧伤草坪。灌水量根据坪床结构而定，以浇透15厘米土壤深度为宜。

### （四）中耕培土

建成草坪的中耕不是通常意义上农作物的土壤耕作，而是指在草坪上进行有选择的耕作而不破坏草坪土壤，其主要区别在于操作的可选择性。在采取某一中耕措施后，草坪草必须很快达到中耕前的状况，而不是过度破坏。过去常用通气来描述中耕，但通气并不能包括中耕的全部，而且也是一种误导。因为中耕导致水分运动的改善与空气状况的改善同等重要，甚至更重要一些。

中耕是一种可以改善大气和土壤的水气交换的方法。这种交换包括：氧气和水分向下流入土壤，二氧化碳和其他有毒气体向上溢出土壤，进入大气。通过深中耕可显著减少地表径流，从而减少水分流失，增加土壤渗透率和保水性，降低灌溉的频度和数量。深中耕可以使石灰和移动性差的肥料进入土壤。中耕还可以促进根的发育，形成深而密的根系，也可以促进地上部的生长。

中耕不是一种日常管理措施，不需要每周或每月进行。中耕的频度取决于践踏的种类和强度，土壤水分含量，土壤质地和结构，草坪草种类及生长状况等。在践踏大、土壤较黏重的地方，中耕频度可稍高一些。中耕要在土壤水分适中、穿刺容易时进行。应避免在含水量高的土壤上中耕，防止造成土壤板结。由于中耕是对草坪的一种破坏，特别是去除芯土的打孔，因此，通常与表施土壤结合进行。

# 第二节　护坡草坪的建植与养护

## 一、护坡草坪的建植

### （一）护坡草坪的特点

护坡草坪是指建植在高速公路、铁路两侧，河、湖、水库岸边的坡地上，主要以水土保持为目的保护性草坪，是管理较为粗放的一种草坪。

1. 护坡草坪建植的自然条件较差，与其他区域相比，草坪建植施工难度大，成坪后维护困难。在地形起伏的地区，不可避免地造成陡坡的问题，致使土壤侵蚀强度大，易滑坡，土层薄，蓄水少，加之地势陡，降水与灌溉水易流失。与普通地面土壤相比，边坡土壤水分状况差，不利于植物生存。土壤类型和土壤理化性质由于土壤的来源不同有很大变化。土壤耕层是生土，有机质含量低，结构性差，不利于植物特别是幼苗生长。

2. 高速公路路基一般高于地面，加之行车速度快，空气流动快，土壤和植物水分散失快，不利于植物发芽出苗与生长。

3. 高速公路路面宽，多为黑色柏油路面，热容量比一般土壤低，温度变幅大。温度高加速了土壤和植物水分损失，常使植物处于水分胁迫状态，加上高温，特别不利于冷季型草坪草的生长。冬季则温度散失快，路基附近低地降温明显。

4. 与其他草坪相比较，此类草坪的外观质量如色泽、质地要求相对较低，重要的是草皮要有发达致密的根系、较强的适应性和抗性，以及能耐低养护管理。因此，在草种的选择上应选用根系发达，适应建植在极端的气候条件、耐旱、耐贫瘠的草种。应用上可与其他地被植物相配置。

### （二）护坡草坪的设计和施工

1. 坡地坪床的准备和规划

坡地由于受水分、湿度的限制严重，草坪的着生环境条件较差，坪床土多为底土或熟化程度不高的土壤，因此建坪难度大。为了使草坪定植，对坡面进行改良和规划是必要的。在坡度较大，水土流失较严重的地段，可挖鱼鳞坑或水平沟，以此做好绿化基础。

2. 坡地适宜草种的选择

用于坡地建坪的草种应具备以下条件：①对当地气候、土壤条件较适宜的草种；②发芽快、生长旺盛，能很快覆盖地表面的草种；③耐旱、耐贫瘠土壤的草种；④具匍匐茎，根系发达，固土作用强，能有效防止土壤移动，多年生的草种；⑤种苗易获得，价格较低的草种。

常用的草种有结缕草、野牛草、钝叶草、羊茅、百喜草、草地早熟禾、白三叶、百脉根、草木樨等，一年生黑麦草常作为先锋草种进行混播。

3. 坡地草坪建植的方法

（1）种子播种　同其他草坪建植方法一致，只是常用沥青乳剂对坪床面进行处理或用覆盖物如秸秆、木屑、化学纤维、纸浆等。

（2）铺设草皮　同其他草坪建植方法一样，注意草坪的固定。

（3）铺植生带　铺植生带时注意覆盖和固定。

（4）液压喷播　液压喷播法是坡地绿化中最有效的方法之一。主要是通过高压水泵将水、种子和其他肥料、纤维、保水剂、黏结剂混合物喷向坪床，从而达到建坪的方法。

4. 坡地草坪建植时间的选择

坡地草坪由于受诸多因素的限制，草坪建植难度大，特别是水分不易得到保证，必须选择合适的季节，一般在雨季来临之前 10 天或半个月播种是较好的，可减少建植的成本，当然有水的地方可以通过人工供水，就可以不在雨季施工。

**（三）喷播植草的工程技术**

1. 原理

喷播建植草坪工程技术是美国、日本等一些发达国家研究开发出的一种生物防护生态环境、防止水土流失、稳定边坡的机械化快速植草绿化系统工程。国际上称为水力播种。

它主要由防护方法的选定、土壤分析、植物筛选、建植技术四部分组成。原理就是将草种、肥料、土壤改良剂、土壤稳定剂、种子黏结剂、水充分混合均匀后，用喷枪均匀地喷射到斜坡或平整好的地面上，并覆盖，待植物种子发芽、生长，三个月便可形成漂亮的草坪。日本、美国、德国、瑞士等国及我国香港地区将该项技术应用于足球场绿化，取得了很好的效果。近几年我国分别在沈阳五里河体育场，北京金德体育场，哈尔滨绥满高速公路，长春人民体育场等地应用该项技术进行绿化，收效显著。

2. 应用范围

①公路、铁路边坡护坡绿化；②飞机场绿化飞行区；③水库、河流堤坝植被建立；④高尔夫球场、足球场等各类运动场地的草地建立；⑤黄土裸露山坡、石场植被恢复；⑥公园绿化、景观再造工程；⑦海岸防护堤的植被建立。

3. 优点

（1）机械化施工，速度快、效率高，每天约 10 000 平方米，满足大面积快速绿化的需要。

（2）植物纤维与土壤稳定剂的共同作用，能有效地减少侵蚀，防止种子流失，使建立的草坪质量好，草坪生长均匀、致密、成坪速度快。

（3）混合肥料、尤其缓和肥的应用，且不需考虑作业环境，在复杂地形条件及贫瘠地带也能施工。如岩石边坡、陡峭的公路边坡、夹有碎石的边坡、护坡、河流堤坝等人力不可及的地带，其绿化特别有效。

（4）成本低，所需人工少，施工效率高。尤其是高速公路边坡，石砌护坡或铺装护坡造价为喷播护坡的 8 ~ 15 倍。

4. 效果

（1）保护和恢复自然环境，防止水土流失，保护周围植被，形成良好的生态效应。

（2）改善体育场整体景观，为学习、娱乐带来舒适的感觉，形成良好的景观效应。

（3）稳定公路边坡，减少雨水冲刷，抑制地下水位的上升，提高路基稳定性和交通安全性。

（4）绿化坡面，消除司机视觉疲劳，控制情绪，保障行车安全；吸收空气中的有害物质，改善周围的环境，调节公路小气候。

5. 草种选配

根据路段所处气候条件、地理位置，选择冷季优良草坪草种科学配组。可用主要草种为：新哥来德 NuGlade（美国）、奖品 Award（美国）、百老汇 Chicago Ⅱ（美国）、优异 Merit（美国）、巴林 Balin（丹麦）、派尼：Pernille（丹麦）。

（1）新哥来德  是近年来培育的优秀品种之一，其叶色浓绿，质地细嫩，建植的草坪质量高，耐践踏性强，同其他早熟禾相比，NuGlade 具如下特性：更耐超低修剪，在 1.2 厘米修高的条件下安全越夏，不易产生草垫层；更强耐阴性，如 NuGlade 的耐阴性比耐阴性颇佳的 Glade 高出 3 倍；强抗病性，极抗叶斑病，强抗秆锈病与褐斑病。在北京、上海、天津、兰州、西安、南京、青岛、大连、昆明、武汉、杭州等地表现出极强的生长能力与越夏能力。

（2）奖品  是一个多用途品种，其超强的耐低修能力（1.2厘米）甚至高于 NuGlade，这意味着叶色深绿的多年生早熟禾品种也可适用于高尔夫球道区的特殊需要。此外 Award 还可与其他早熟禾品种及黑麦草、高羊茅等草种很好地组合。Award 的突出性表现在：抗寒性强，能忍耐 –36℃的低温；绿期长，三月上旬返青，十二月中下旬枯黄；抗病虫害，因其含有内生菌，大大提高了抗病虫害能力；强抗叶斑病；

（3）优异　是一个应用多年的老品种，很适合中国的国情和气候。叶片质地中等、叶色中深绿色，低矮生长习性，抗病性中等，耐旱，肥力和养护管理水平要求低，土壤适应性范围广。生长低矮，种子较大，出苗整齐、迅速，幼苗健壮，活力强，建植速度快，有较强的抗杂草侵入能力。常被用于公园、厂矿、庭院等地的绿化。

（4）巴林　巴林发芽迅速，成坪快，地下根发达。耐寒性较强，能适应我国北方寒冷的冬季。耐旱性较为突出，在少管理、少水干旱地区，巴林的生长状况比其他许多早熟禾品种好。大面积推广试种结果表明，巴林耐践踏，自我修复力强，可用于使用强度较高的绿地或公园。巴林适应性强，耐粗放管理，尤其适用于公路护坡、机场绿化、水土保持等项目的运用。

（5）派尼　是高品质的草坪型强匍匐紫羊茅品种。其叶片纤细，草坪致密，根茎发达。抗锈病、红丝病和雪霉病。抗寒，耐阴性突出。生长缓慢，不需要频繁修剪。派尼颜色深绿，可与其他草种混播建植普通观赏绿地以及运动场草坪，同时由于突出的耐阴性而经常用于遮阴地带的绿化。也可用于低养护地带的绿化。耐寒性强，非常适合在寒冷地区使用。耐热性稍差，在温暖地区越夏不良。

6. 效果

通过对喷播植草护坡地段的跟踪观测发现，其草坪成活率高、植物出苗齐、长势好。能形成良好的生态效应和景观效应。

### 二、护坡草坪的养护

#### （一）覆盖

1. 目的

（1）调节坪床地表温度，夏天防止幼苗暴晒，冬天可增加坪床温度。

（2）保持土壤水分。

2. 覆盖材料

覆盖材料可用专门生产的地膜、玻璃纤维和无纺布等，也可以就地取材，用农作物秸秆、树叶、刨花、锯末等。一般地膜用在冬季或秋末温度较低时，用于增温和保水。地膜的增温效果很明显，使用时注意避免烧苗，因此透风、揭膜时间一定要把握好。农作物秸秆的问题是容易形成杂草，同时不应过厚。简单的办法是覆盖面积达 2/3 以上则可。农作物秸秆覆盖后用竹竿压实，或用绳子固定，以避免被风吹走。锯末是无法再利用的覆盖物，使用前应先进行发酵，再使用，有条件的要进行消毒。玻璃纤维多用于坡地绿化。

#### （二）浇水

浇水是管理草坪比较关键的措施之一。出苗前后浇水的管理特别重要。出苗前种子吸收水分后才能进行一系列的生理生化反应，导致种子萌发。种子发芽时，在夏天若种子不浇水就很容易被晒干失水，使种子死亡。一般来说，在新建坪时浇水要注意以下几个问题。

1. 出苗前到出苗的两周左右，喷水强度要小，以雾状喷满为好（自动喷灌或人工喷灌），不要打破土壤结构，造成土壤板结或地表径流。这样容易使种子移动，造成出苗不均。

2. 最好在播种前 24 小时浇灌一遍，待坪床稍干燥，用钉耙重耙后再播种子。这样播种后浇水比较容易，也可少量多次。

3. 苗期不能用高强度的喷灌，避免创伤，造成根部和苗机械拉伤，不能在坪床表面上造成小面积积水坑。

4. 夏天温度较高时，中午不要浇水，因为这样容易造成烧苗，最好在清早或傍晚太阳落时浇水。

5. 南方多雨地方不能浇水过多，避免形成腐霉枯萎病。随着幼苗逐渐长大，草坪渐渐成坪，浇水的次数可逐渐减少，但每次浇水量要增大。

### 三、地表覆土及镇压

地表覆土是将沙、土壤和有机质适当混合，掺入草坪的过程，也叫表施土壤。对于匍匐型草坪草组成的新建草坪在修剪条件下的养护是很重要的。表施土壤可以促进匍匐茎不定芽的再生和地上枝条发育，对运动场类草坪，可以起到填平的作用。

地表覆土要注意以下几点：①施用的材料质地和原坪床完全一致，或用土、沙和有机混合物，比例1：1：1最好；②材料无杂草，无虫病等；③施用时先进行修剪，再施用，施表土后用锯刷拖平，避免过厚将草坪压在下面，形成秃斑；④表施后进行镇压。

镇压常常在剪草、表施土壤后进行，其作用是促进草坪的分蘖、匍匐茎伸长，增加坪床整齐度，对抑制杂草也有作用。北方春季解冻后滚压能使冻土紧实。新铺草皮镇压，使草皮与土壤较好地接触，促进发根。足球场草坪在比赛前后进行镇压是相当重要的，不仅使球场更平整，也可压出花纹，形成美丽的景观。镇压时不能采用太重的或太轻的碌子，轻了起不了作用，重了会造成土壤过于紧实或草坪的机械损伤，一般重60～500千克为宜。此外，南方多雨潮湿地区要减少镇压次数。

### 四、清除杂草

清除杂草对于管理新建草坪也是十分重要的。第一，播种前的坪床要清除杂草，可用除草剂和人工相结合。有些恶性杂草，如水花生和香附子，由于根茎或块根埋土深，除草剂不容易除尽，就尽可能在新坪建植时用人工拔除，否则建坪后比较麻烦。第二，苗期使用除草剂一定要慎重，一般都要等草坪苗较健壮以后再使用。施用除草剂时要注意剂量的控制。第三，由于人工拔除杂草后形成一些局部斑块，要尽快补植。

**五、修剪**

新建草坪的修剪一般是草在 8～10 厘米高时开始修剪较好，球场草坪达 5 厘米时就可修剪。修剪时注意坪床要干燥，刀片要锋利，同时一定要坚持"1/3"原则。

**六、病虫害防治**

病虫害防治主要注意事项如下所述。

1. 坪床材料的消毒，特别是有机物一定要腐化。人粪或畜粪要经过充分发酵腐化后才能使用。同时可进行土壤熏蒸，也可采用杀菌剂在平整时分次消毒。

2. 苗期防病药使用时要注意施用浓度。含重金属的药物对草坪草幼苗有灼烧作用，要特别注意用量。

新建草坪的虫害一般以蝼蛄居多，在播种之前用呋喃丹或辛硫磷撒施效果较好。草坪渐渐成坪后，可用其他药物。一般要根据虫害的种类进行防治。

# 第三节　公园草坪的建植与养护

公园是人们休闲时游玩或进行文娱活动的场所，也是少年儿童接受科普教育的理想场地，此外还具有防灾、避难、改善和美化环境的作用。公园内的草坪配置是公园造景的重要组成部分。草坪类型多种多样，功能各异。一般有供人们玩耍、休息、散步的游憩草坪，有位于公园正门区或公园中心供游人欣赏的观赏草坪，还有树阴下供游人休息、野餐等遮阴较重的林下草坪，以及在斜坡地或水湖岸边为保持水土而建植的坡地草坪。不同位置的草坪具有不同的功能，其质量要求和养护管理要求也各有差异。

### 一、公园草坪的建檀

#### （一）草种的选择

公园内的观赏草坪区，可以建植成单纯草坪或缀花草坪。应选用叶片纤细、生长低矮、绿色期长、较抗病的草坪品种。北方地区可选用草地早熟禾中的某些品种，匍匐翦股颖可也以形成优异的观赏草坪。南方地区可选用杂交狗牙根、沟叶结缕草等。

公园内的游憩草坪，由于面积较大，在建植时大规模的土壤更新往往不太现实。在草种选择时，应选比较耐贫瘠、耐践踏、耐粗放管理的草坪草种。北方地区不但可选择高羊茅、草地早熟禾、多年生黑麦草等冷季型草种，还可选用野牛草、结缕草等暖季型草种。在南方地区可选用假俭草、沟叶结缕草、日本结缕草、钝叶草、狗牙根等。

公园内遮阴的林下草坪区，是游人活动较多且较为集中的区域。此处草坪不但受遮阴影响，而且受践踏较重，土壤易板结，障碍物多，不便修剪。在草种选择上应考虑耐阴、耐践踏、繁殖力强，受损后恢复力强的草坪草种。在北方地区可将紫羊茅、草地早熟禾、高羊茅和多年生黑麦草按适宜比例混播，在使用频繁的地段可选择草坪型高羊茅。在南方地区可选用沟叶结缕草、日本结缕草、钝叶草等。

#### （二）草坪建植

公园草坪可因草种不同而选择不同的建植方法。大多数冷季型草种用种子直播最为经济；某些暖季型草种，如野牛草、假俭草，种子难以获得、成坪慢，可选择营养繁殖的方法。在经济条件允许的情况下，公园内的观赏草坪区可直接用草皮铺设的方法，成坪快、质量高。

### 二、公园草坪的养护管理

#### （一）剪草

修剪是为了维护优质草坪，保持草坪平坦、整洁，提高草坪的美观性，以适应人们观赏和游憩的兴趣和需要。

草坪修剪要遵循 1/3 原则。新建草坪在草长到 7~8 厘米高时，进行第一次修剪。

修剪的时间、次数应根据不同草种生长状况及用途不同而定。冷季型草坪草在春季约 10 天修剪 1 次，4~6 月份修剪 6~10 次；在夏季 7~8 月份修剪 4~6 次；在秋季 9~10 月份修剪 3~4 次，全年共需要修剪 15~20 次。

一个公园通常包括三类质量水平和管理强度的草坪区域。高质量草坪区，要求经常修剪，1 周修剪 1~2 次，剪留高度在 3~5 厘米；中等质量草坪区，平均 1 周修剪 1 次，剪留高度在 4~6 厘米之间；有限使用区，需要最小的维护，每年修剪 2~4 次，剪留高度与高尔夫球场障碍区或路边草坪相似，为 8~12 厘米。

**（二）灌水**

公园草坪中要安置喷灌系统，而且应该是伸缩式的，喷灌强度较小，一般呈雾状喷灌。雾状喷灌不仅能保证草坪草的植株正常生长的需要，同时也能使公园的空气保持湿润，有利于树木和其他花卉植物的生长。已建成的草坪每年越冬时，为保证草坪能安全越冬和明年返青，在初冬要灌封冻水，灌水深度要达到 20 厘米。早春要灌返青水，灌水深度要达到根系活动层以下。

**（三）施肥**

秋季施肥能促进新草坪草的生长和原有植株的恢复。除非土壤肥力太低，一般春季不施肥，以减少修剪次数。夏初少量施肥可以使草坪更绿，提高夏季耐践踏性。暖季型草坪的施肥应安排在践踏最严重的时候。

草坪追肥应采用含氮量高，并且含有适量磷、钾的复合肥料，肥料中氮、磷、钾的比例为 5∶3∶2，也可以追施尿素或含 50% 氮的缓效化肥。追肥的施肥量为 10~20 克/平方米，一般情况每年追 2~3 次肥。对于新建的草坪，因根系的营养体还很弱小，所以应采取少量多次的办法进行追肥。

有机肥多用于基肥或表施土壤，一般 1~2 年施用一次。每次施用 1 千克/平方米。施用的有机肥一定要腐熟、过筛，并在草坪干燥时施用，当草坪枝叶过于茂密时，应先修剪，过 1 天后再撒施，施肥后应拖平并灌水。

### （四）防除杂草

杂草不但危害草坪草的生长，同时还会使草坪的品质、艺术价值或功能显著退化，尤其是在公园中，杂草将大大影响草坪的外观形象。

化学除草剂能有效地防除杂草，如 2，4 - 滴（2，4 - D）类，二甲四氯类化学药剂能杀死双子叶杂草，而对单子叶植物很安全。用量一般为 0.2 ~ 1.0 毫升/平方米。另外，还有许多除草剂如有机砷除草剂、四胂钠等药剂，可防除一年生杂草。

在公园草坪上施用化学除草剂，一定要严格掌握使用剂量，避免重复。使用时要注意不要将除草剂喷洒到其他的树木、花卉上，以免其他园林植物受到药害，并且一定要注意人身安全。

### （五）病虫害的防治

在草坪草发生病害时，应及时使用杀菌剂在草坪植株表面喷洒，常用药剂有代森锰锌、多菌灵、百菌清、霜霉威（普力克）、福美双等。要交替使用效果相似的多种杀菌剂，以防止抗药菌丝的产生和发展。

喷药次数可根据药液的残效期长短和发病情况而定，一般情况下可以 7 ~ 10 天喷 1 次药。

### （六）草坪的休养生息

对公园中的游憩草坪，尤其是游人活动频繁的草坪，在早春草坪草返青前，应预先采取措施加以保护。例如：设置标志暂停开放；也可以采取轮流开放的办法，让草坪得到自然恢复，待草坪草生长良好后再恢复开放使用。

对使用强度大的草坪，应该制定特别的管理方案，包括每年施用化肥，必要时覆播、打孔通气等。对践踏严重的区域实行草坪更新是公园草坪管理中的重要环节。

# 主要参考文献

［1］龚束芳主编．草坪的栽培与养护管理．北京：中国农业科学技术出版社，2008.

［2］白永莉，乔丽婷主编．草坪建植与养护技术．北京：化学工业出版社，2009.

［3］周寿荣主编．现代草坪建设与养护技术．成都：四川科学技术出版社，2008.

［4］周兴元，刘国华主编．草坪建植与养护．北京：高等教育出版社，2006.

［5］赵燕主编．草坪建植与养护．北京：中国农业大学出版社，2008.

［6］李国庆主编．草坪建植与养护．北京：化学工业出版社，2011.

［7］郑长艳主编．草坪建植与养护．北京：化学工业出版社，2009.